潮编织
Fashion Knitting

富贵的皮草针

王春燕　主编

辽宁科学技术出版社
沈阳

鞠少娟　李万春　王秀芹　李晶晶　王春耕　王俊萍　高丽娜　王　蔷
王潇音　刘天昊　黄梦词　马　欢　张卫华　李　微　金　虹　张福利
曾玲梓　米　雪　李艳红　张　旸　李亚林　李　佳　谢海民　潘世源
张可平　彭永辉　闫晓刚　迪丽娅娜·哈那提　米日阿依·阿布来提
阿孜古丽·尼加提　郭　嘉　戴一辰　高　雅

图书在版编目（CIP）数据

富贵的皮草针 / 王春燕主编. —沈阳：辽宁科学技术出版社，2014.2
（潮编织）
ISBN 978-7-5381-8388-7

Ⅰ. ①富… Ⅱ. ①王 Ⅲ. ①女服—毛衣—手工编织—图集 Ⅳ. ①TS941.763.2-64

中国版本图书馆CIP数据核字（2013）第279789号

出版发行：辽宁科学技术出版社
　　　　　（地址：沈阳市和平区十一纬路29号 邮编：110003）
印 刷 者：辽宁美术印刷厂
经 销 者：各地新华书店
幅面尺寸：210mm×285mm
印　　张：11.5
字　　数：300千字
印　　数：1～5000
出版时间：2014年2月第1版
印刷时间：2014年2月第1次印刷
责任编辑：赵敏超
封面设计：央盛文化
版式设计：央盛文化
责任校对：李淑敏

书　　号：ISBN 978-7-5381-8388-7
定　　价：36.80元

联系电话：024-23284367
邮购热线：024-23284502
E-mail:purple6688@126.com
http://www.lnkj.com.cn

Contents
目录

Vogue Knittng
Fashion

Super
Model
Style

WHAT'S HOT FOR YOU

different idea

confidence
natural

14

Knitting

P~96~97~
Number
12

Fashion

Sweaters

Knitting

P~98~99~
Number
13

Knitting

P 100~101
Number
14

Knitting

P 102~103
Number
15

what's hot for you.
Super cool

Knitting

P 114~115
Number
21

Knitting

P 118~119
Number
23

Pure And Fresh

Super Model Style

Knitting
P146~147
Number
37

Model's favorites

different idea

natural
confidence

Magic
confidenc

Knitting

P 178~179
Number
53

54

基础入门

1 棒针持线、持针方法

2 棒针双针双线起针方法

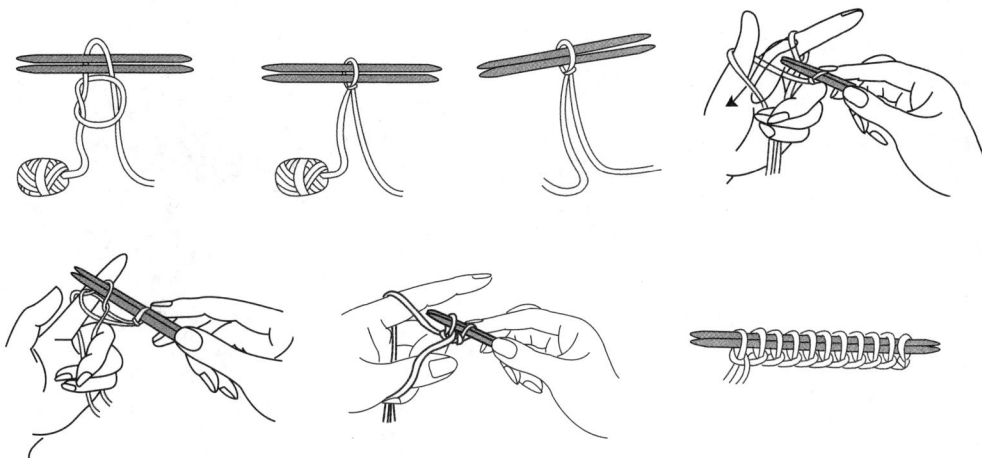

3 绕线起针方法

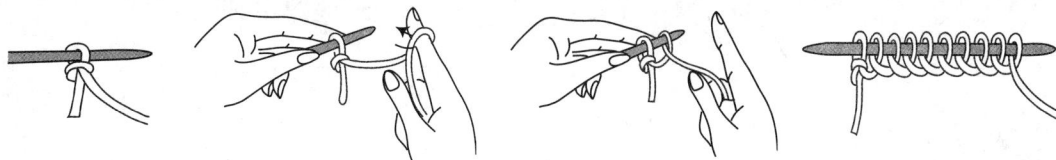

4 钩针配合棒针起针方法

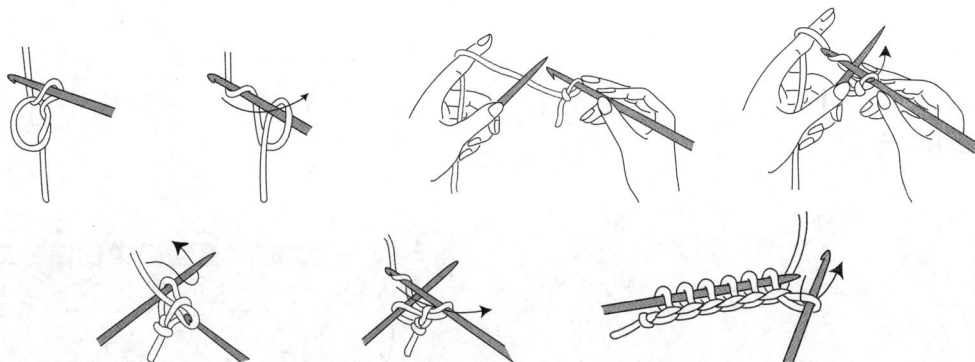

5 单罗纹起针方法（机械边）

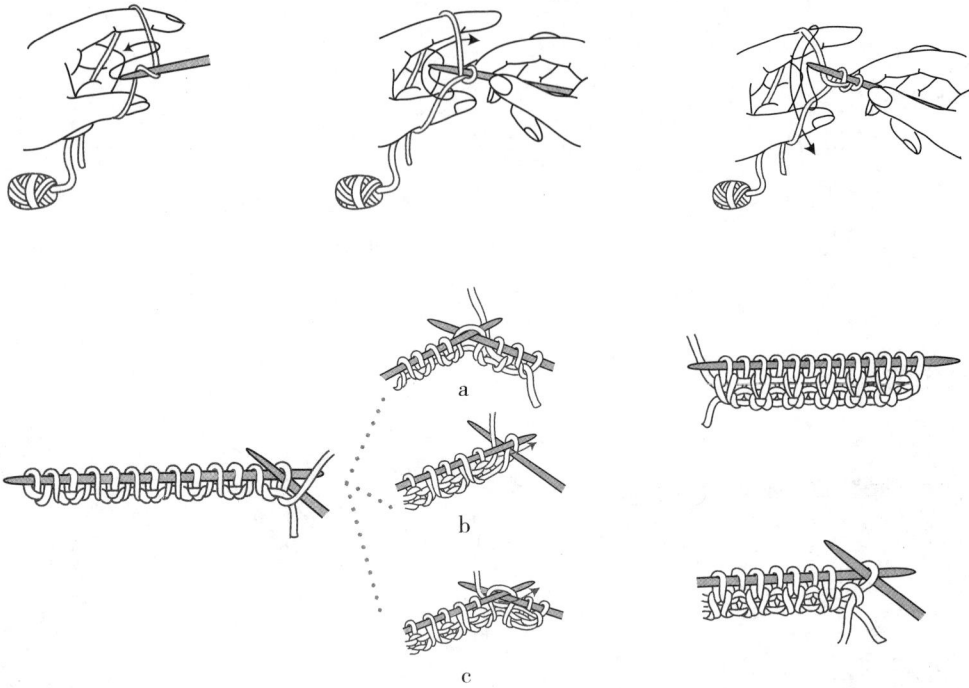

a

b

c

6 双线起针方法

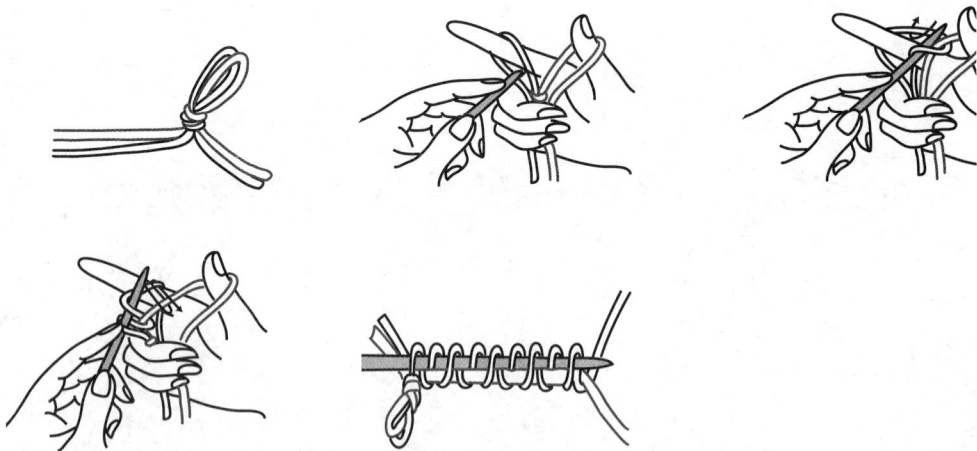

7 机械边织起针方法

8 单罗纹变双罗纹方法

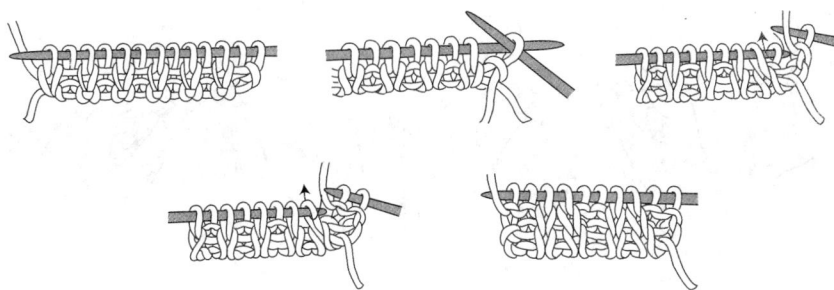

9 直针环形织法

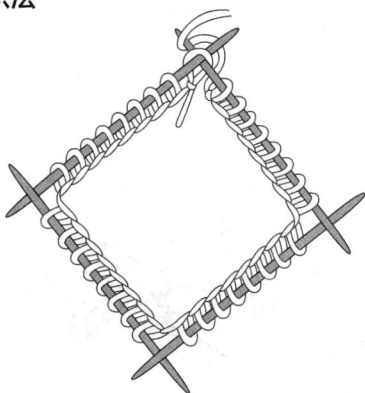

10 环形针用法

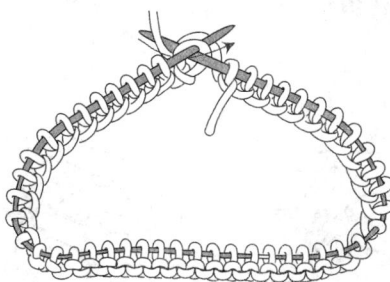

11 机械边绕线起针方法

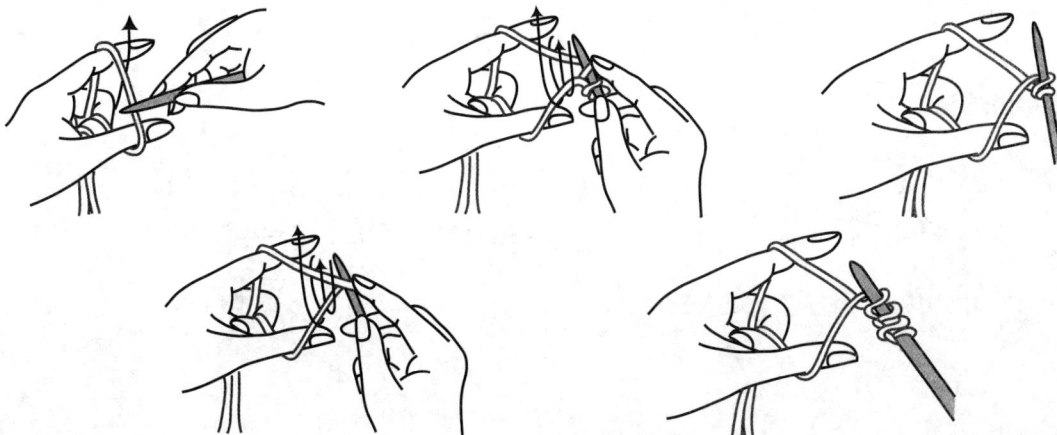

12　常规持线持针织法

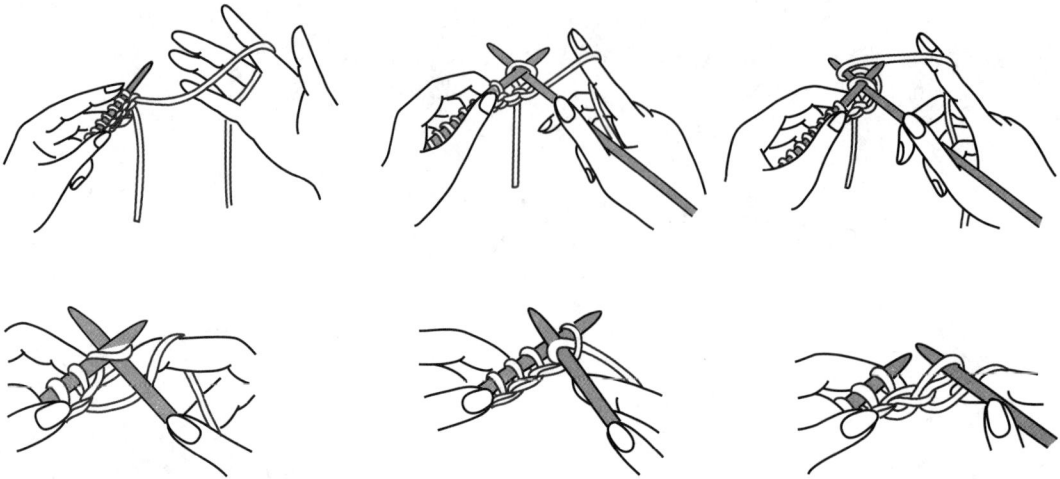

13　左手持线织法

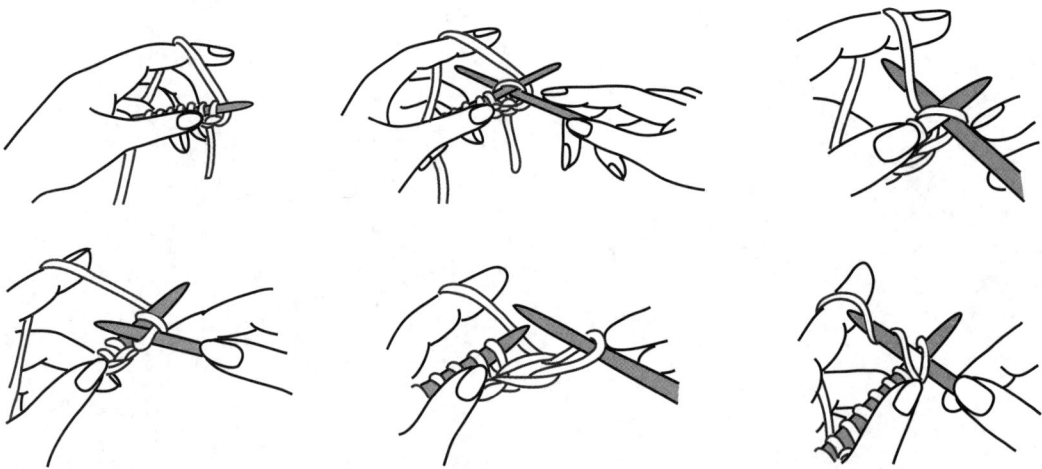

14　中间起针向四周织方法

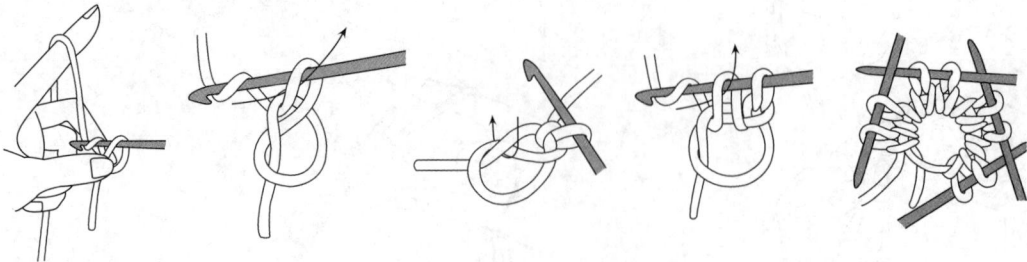

钩针符号及编织方法

1 钩针持线、持针方法

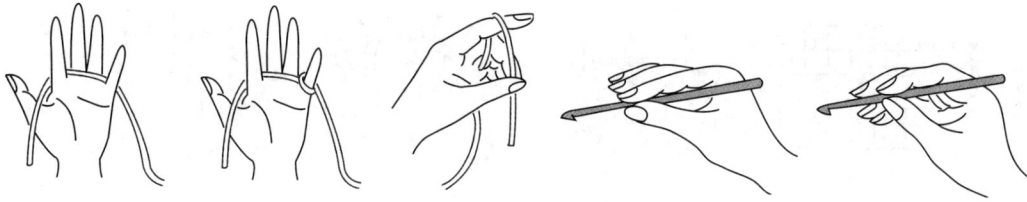

2 钩针起针方法（小辫针）

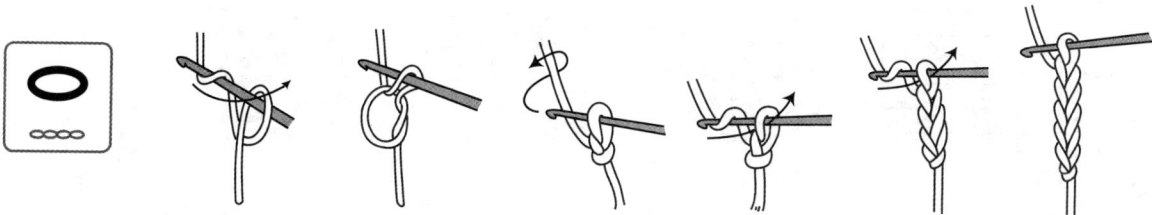

3 短针

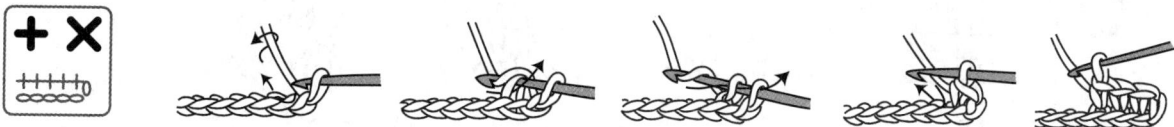

4 中长针

5 长针

6 长长针

棒针编织符号及编织方法

1 正针

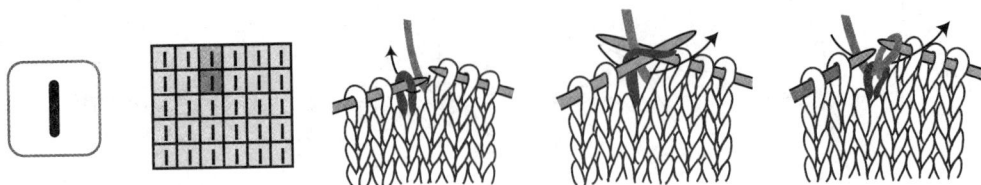

2 反针

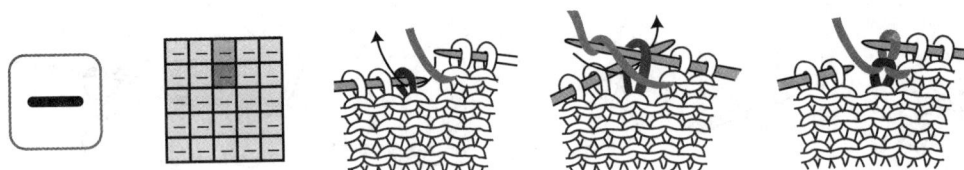

3 空加针

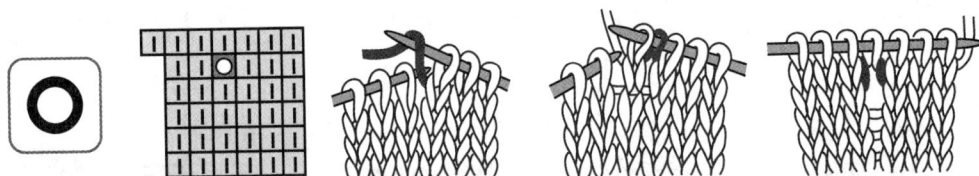

4 扭加针

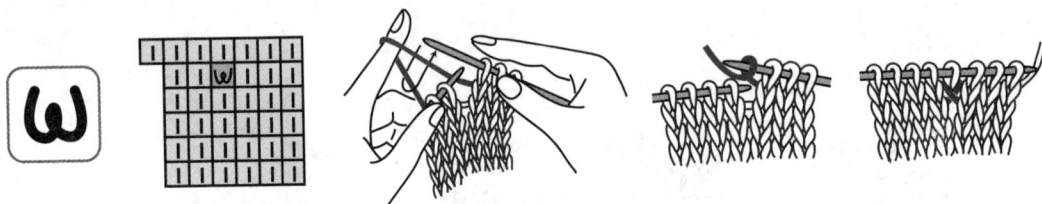

5 左在上并针

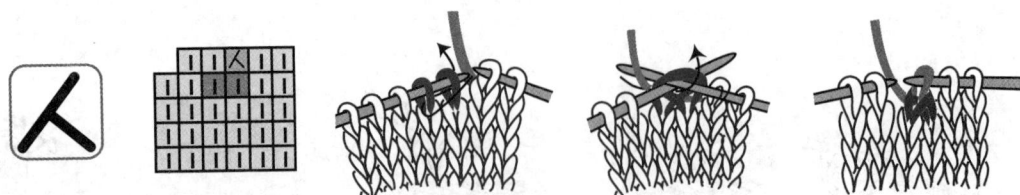

6 右在上并针

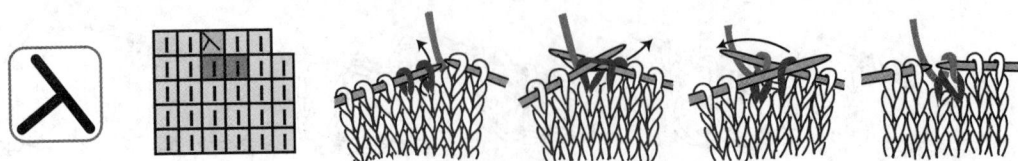

7 反针左在上2针并1针

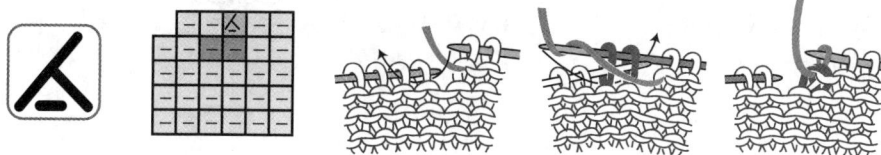

8 反针右在上2针并1针

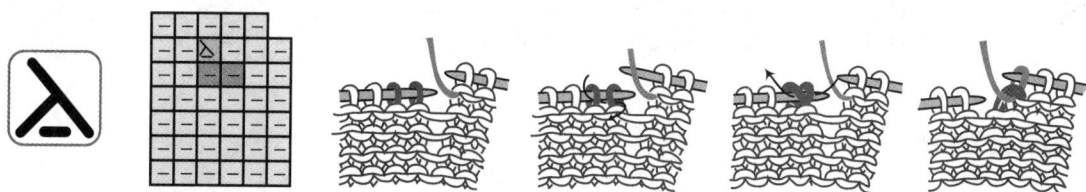

9 左在上3针并1针

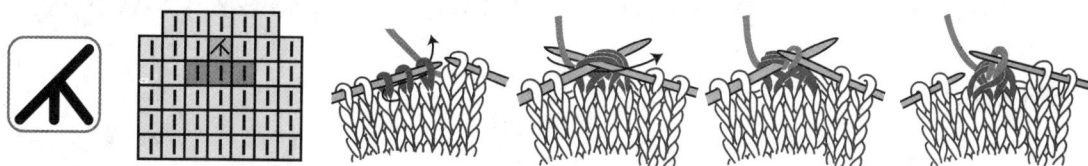

10 右在上3针并1针

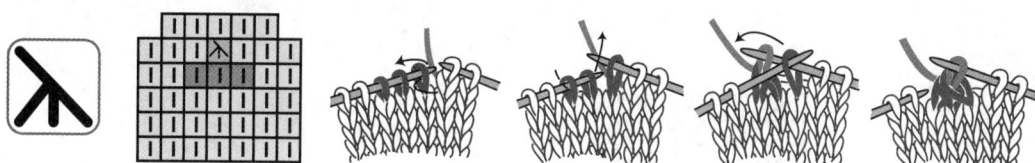

11 中在上3针并1针

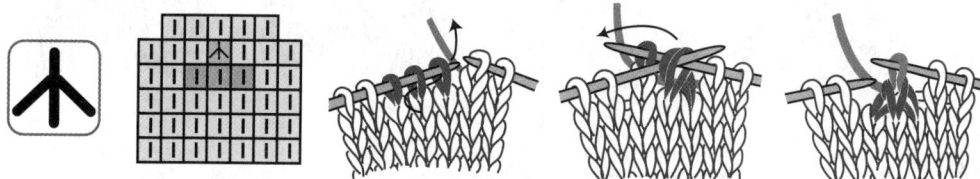

12 反针中在上3针并1针

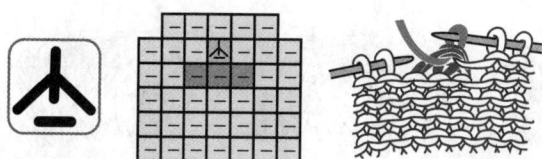

13 挑针

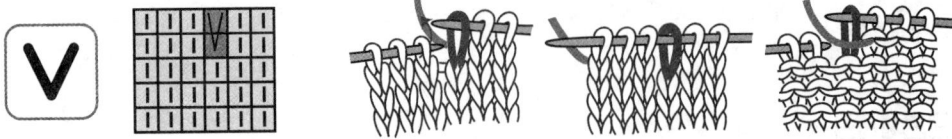

14 扭针

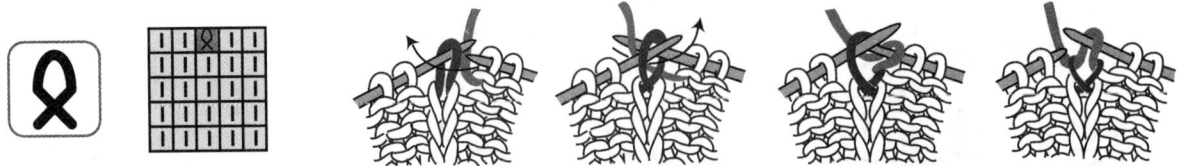

15 左在上交叉针

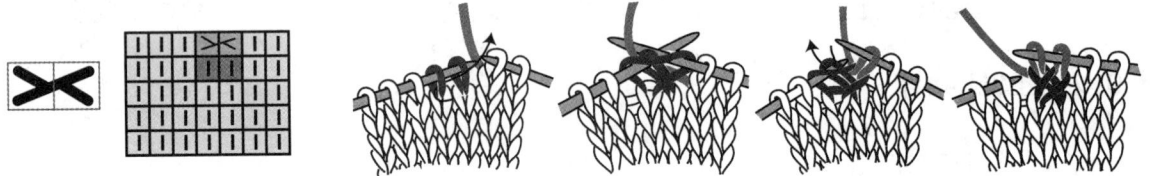

16 右在上交叉针

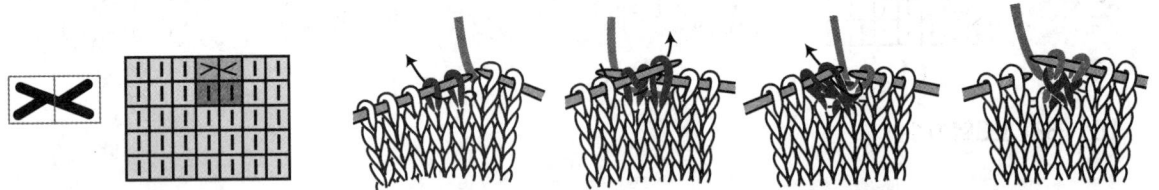

17 4麻花针右扭

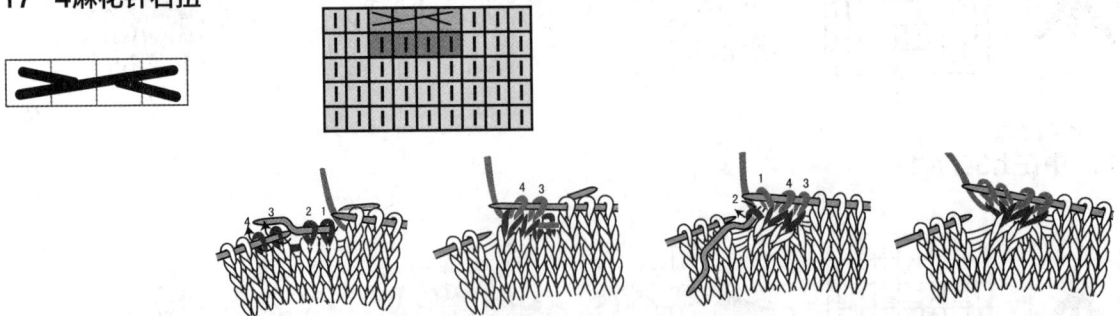

18 4麻花针左扭

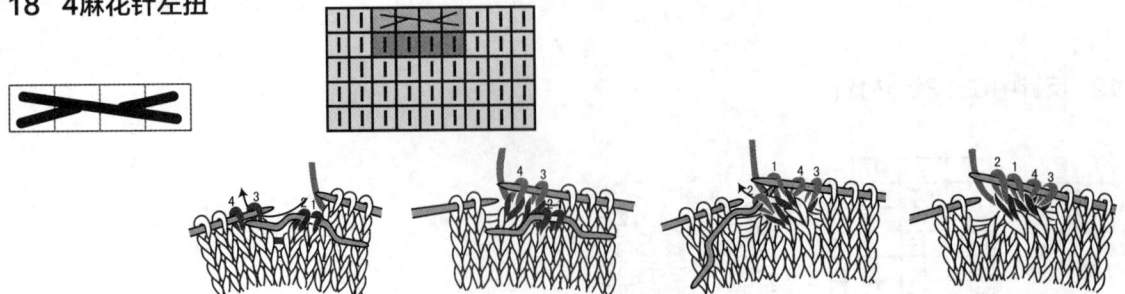

编织技巧

1 收平边

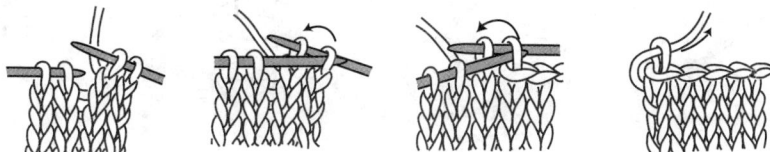

2 代针方法

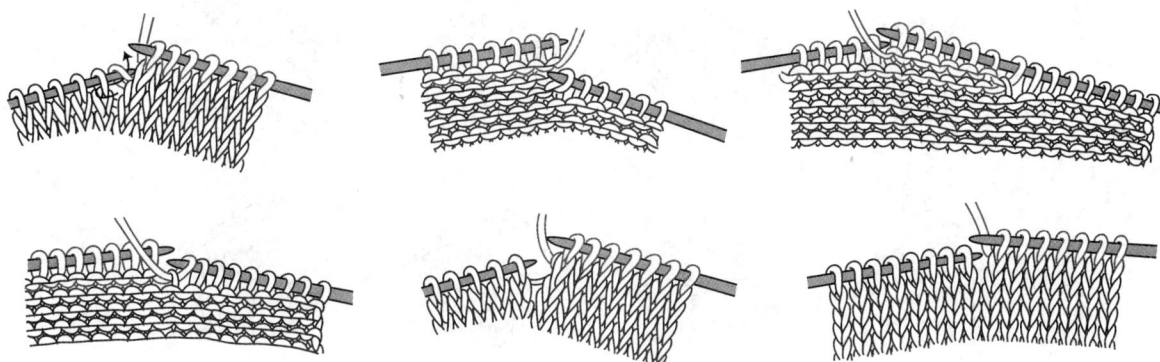

3 侧面加针和织挑针方法

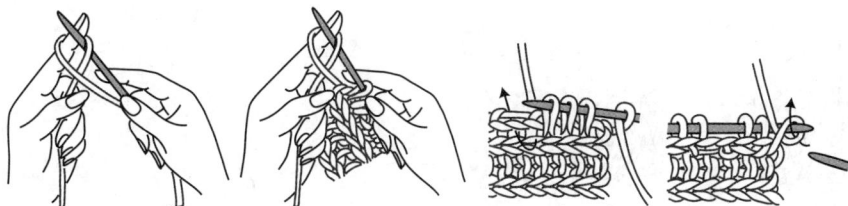

4 扣眼织法

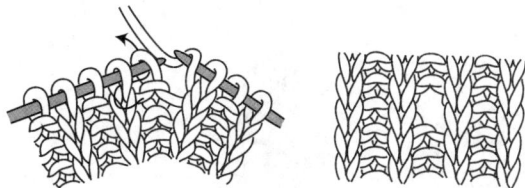

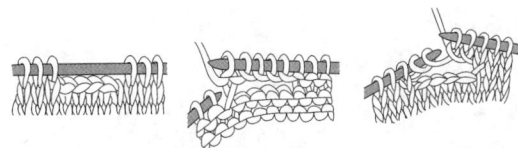

5 小绳钩法

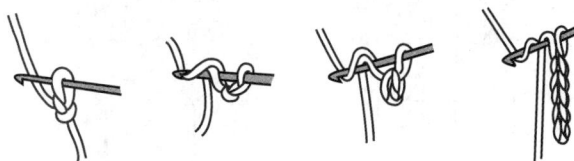

6 挑针织法

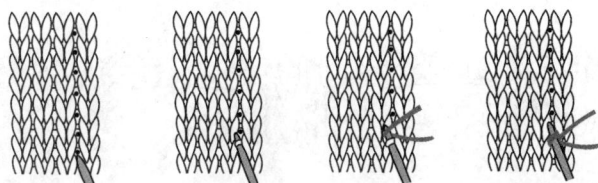

7 缝纽扣方法

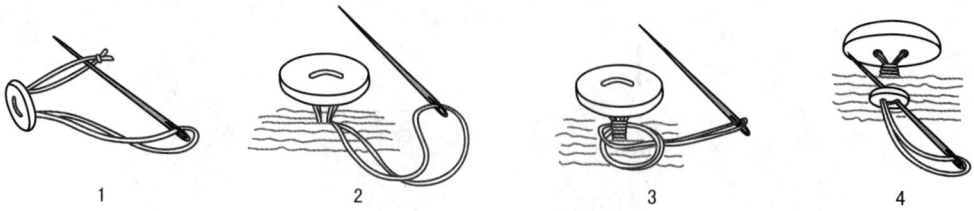

1   2   3   4

8 球球织法

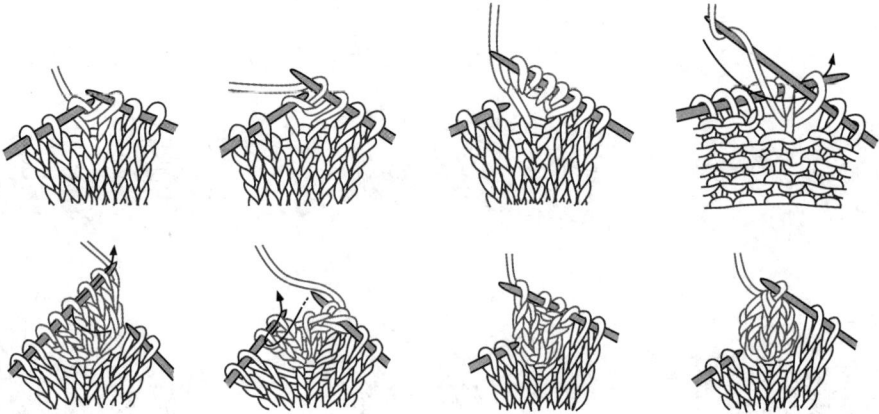

9 系流苏方法

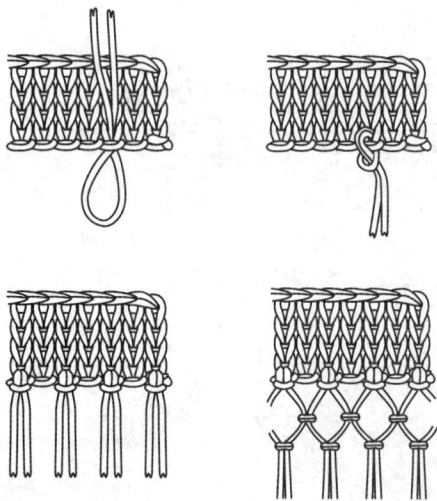

10 小球做法

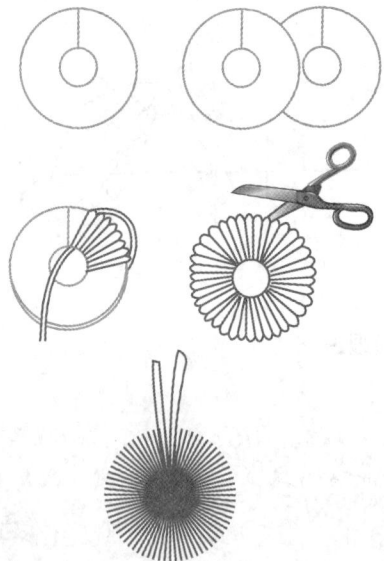

11 平加针方法

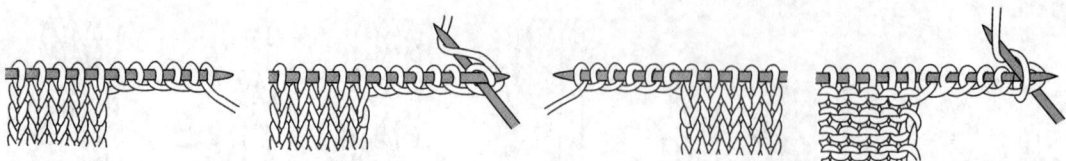

12 绵羊圈圈针

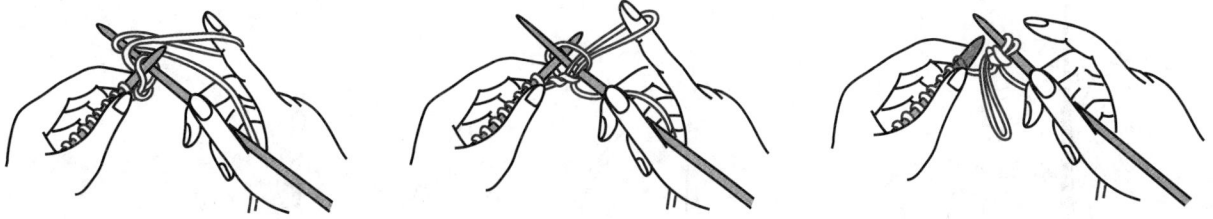

13 萝卜丝钩法

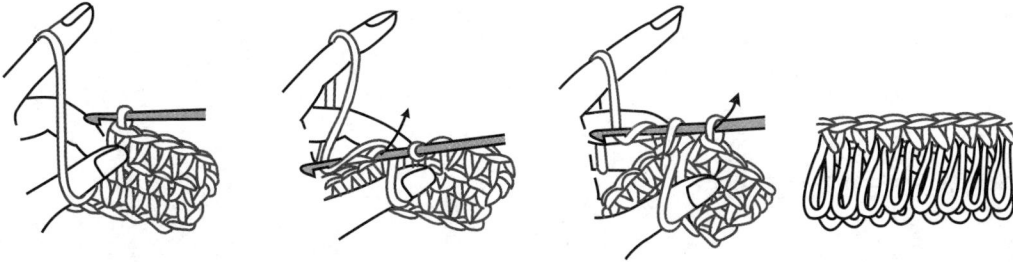

14 袖与正身手缝方法

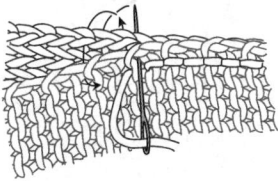

15 袖与正身钩缝方法

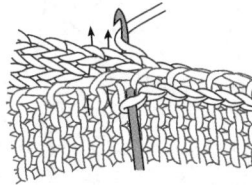

16 小球钩法和织法

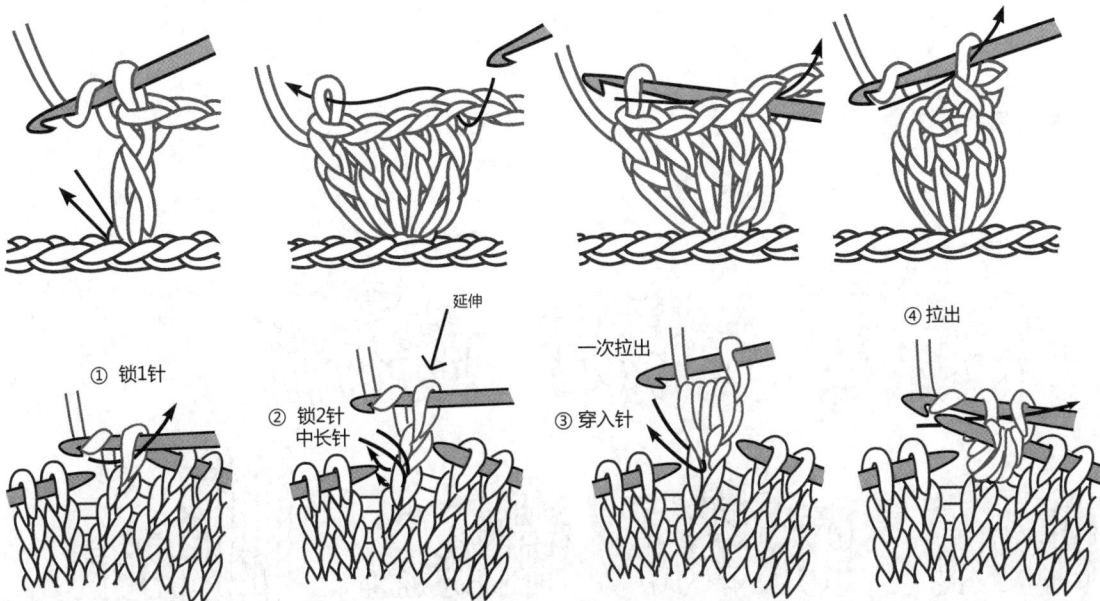

① 锁1针

② 锁2针
中长针

延伸

③ 穿入针

一次拉出

④ 拉出

17 轮廓线绣法

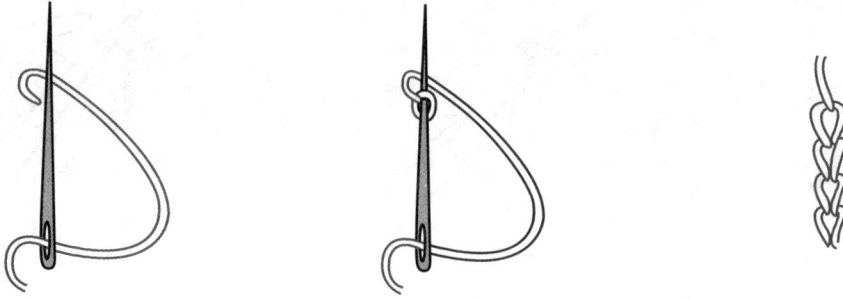

18 "文"字扣接线方法和无痕接线法

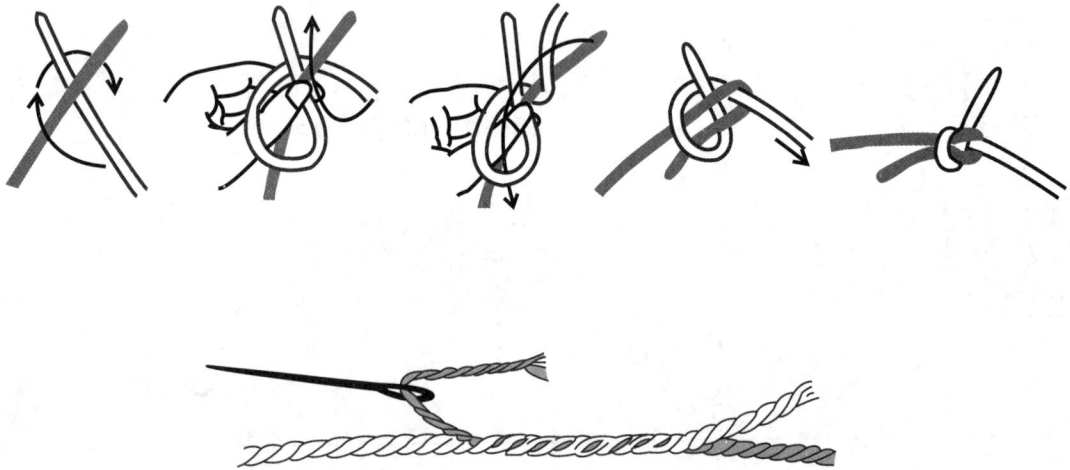

19 前领口减针方法

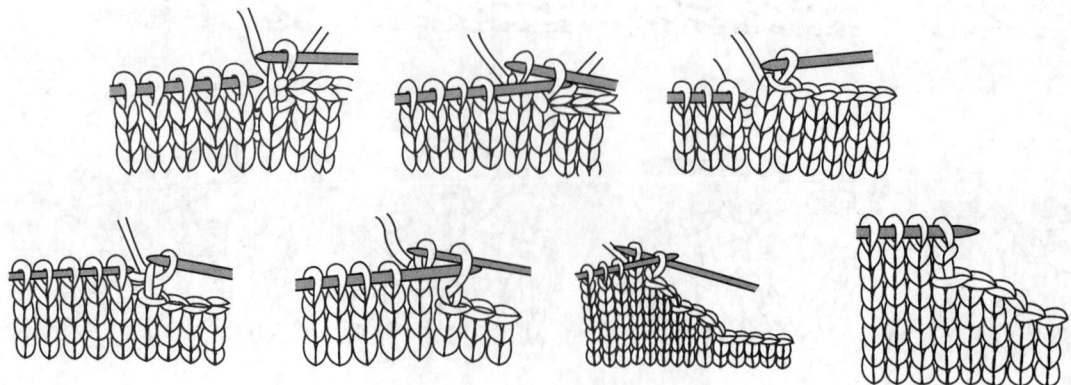

20 V领挑织方法

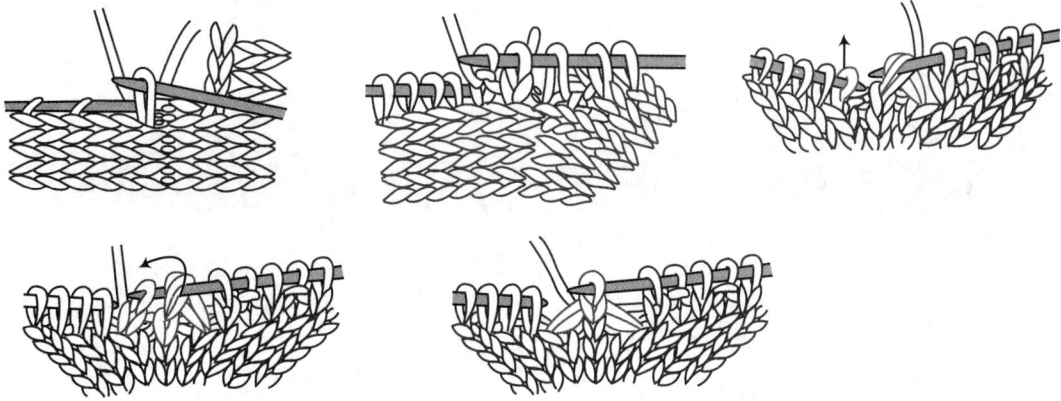

21 领角挑织方法

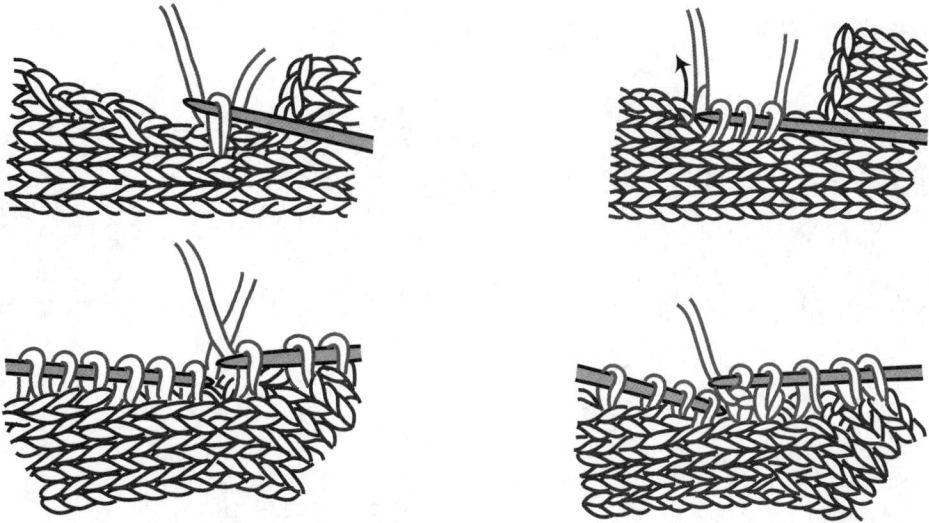

22 圆领挑织方法

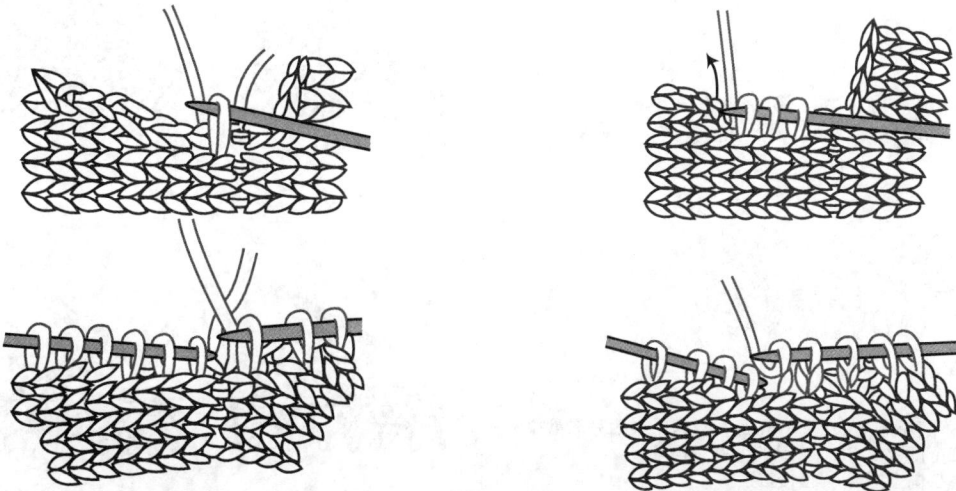

23 单罗纹变菱形缝法

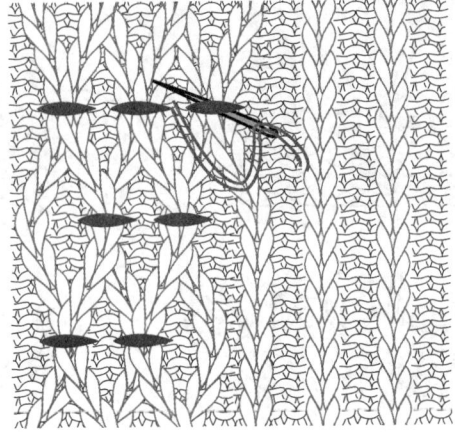

24 长针缝合方法

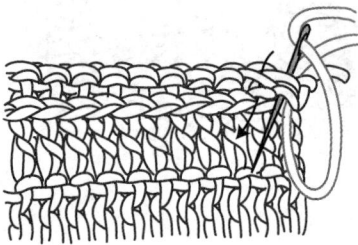

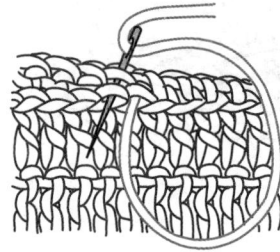

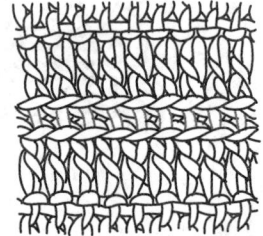

25 盘扣做法

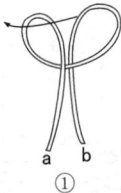

① 按图摆好小绳，然后将右圆穿入左圆内。

② 将左下b绳头穿入上圆内。

③ 将原来左下位置b绳头穿入上圆后的效果。

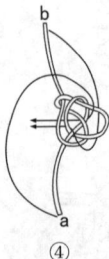

④ 将b绳头向下围绕，然后穿入中间的圆内；将下面的a绳头向上围绕也穿入中心的圆内。

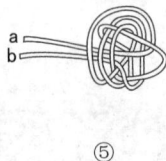

⑤ 上下ab绳头穿入中间的圆后，再慢慢拉紧。

⑥ 最后完成盘扣。

26 春芽针钩法

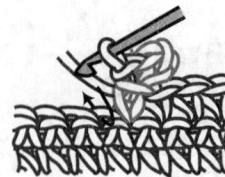

27 双罗纹收平边方法

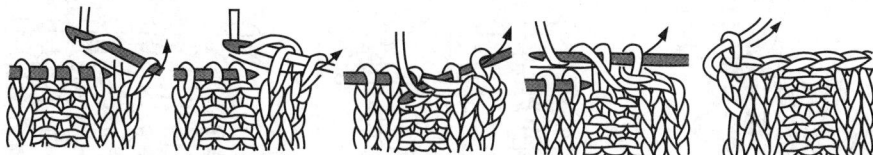

28 反针收平边方法

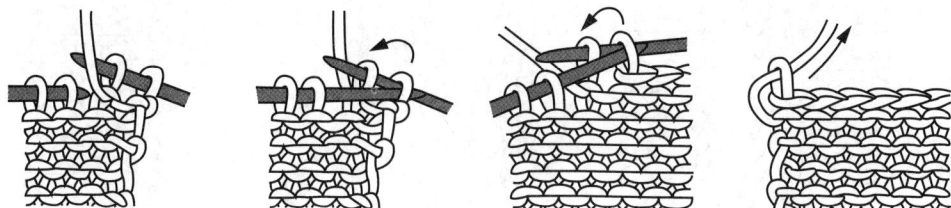

29 在1针中加出3针

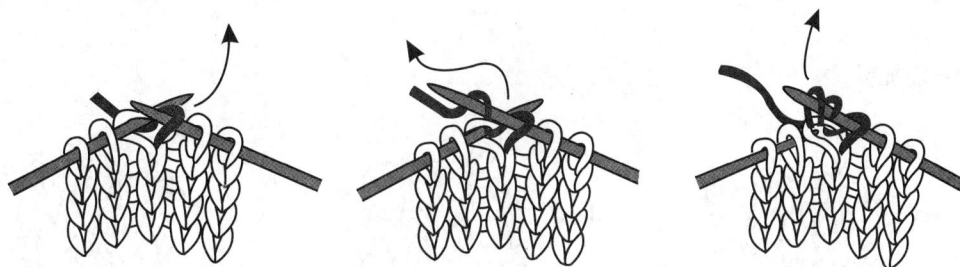

30 钩针收平边方法

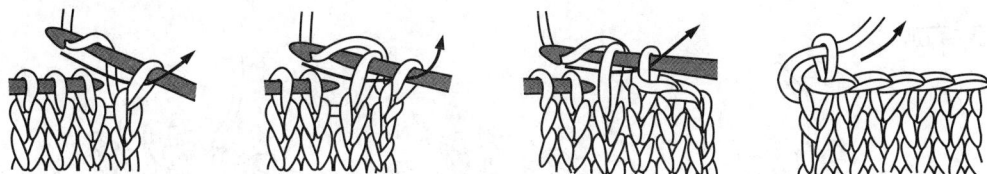

31 围巾边针织法

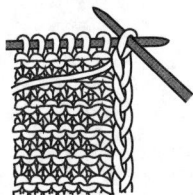

32 织错1针的补救方法

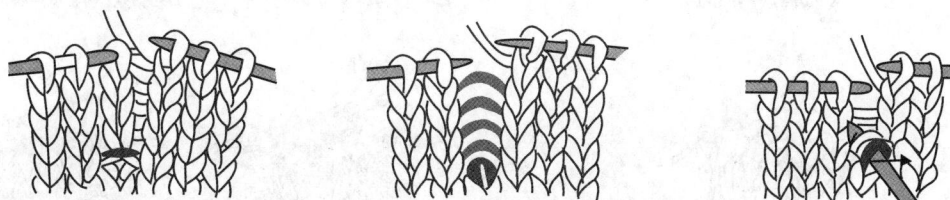

71

33 收线头方法

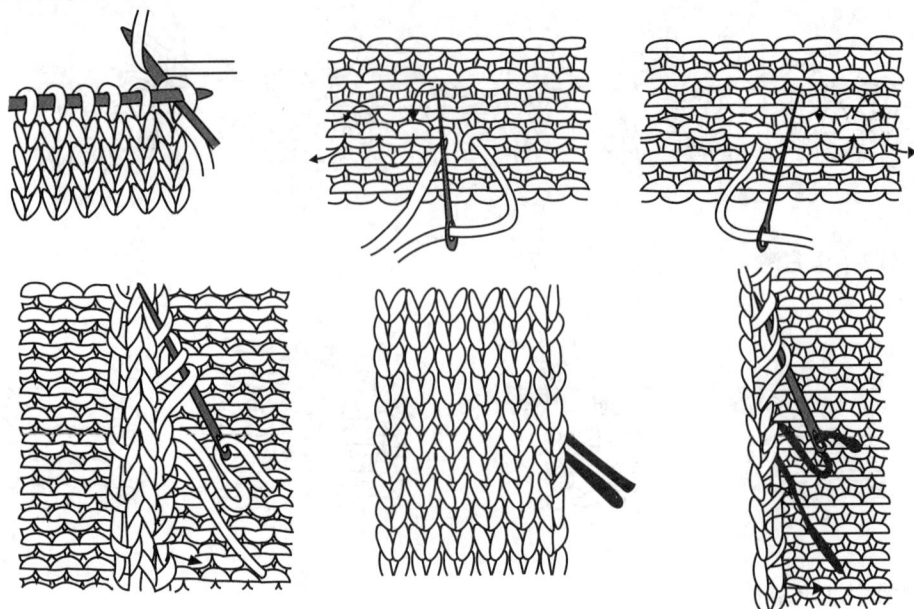

34 左加针

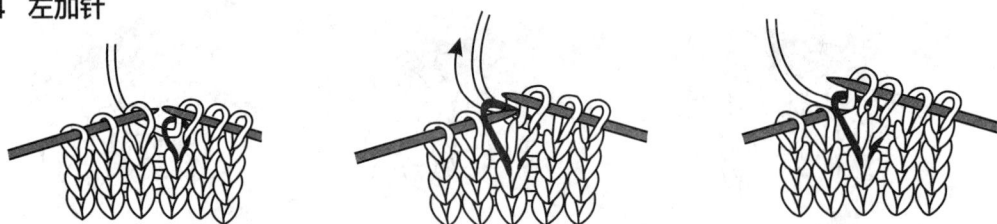

35 右加针

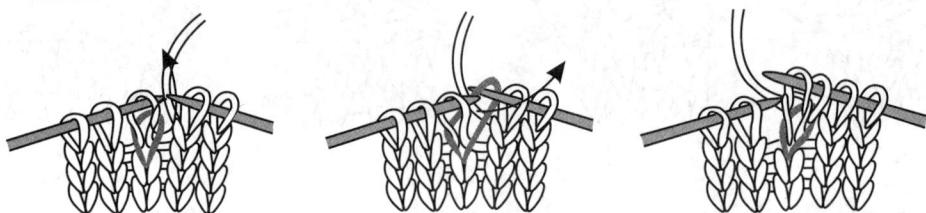

36 3针正针和1针反针右上交叉

37 6针扭麻花方法

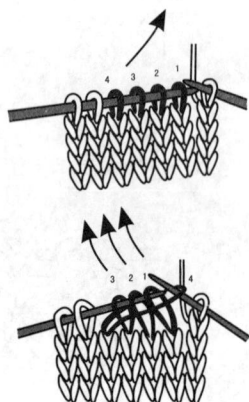

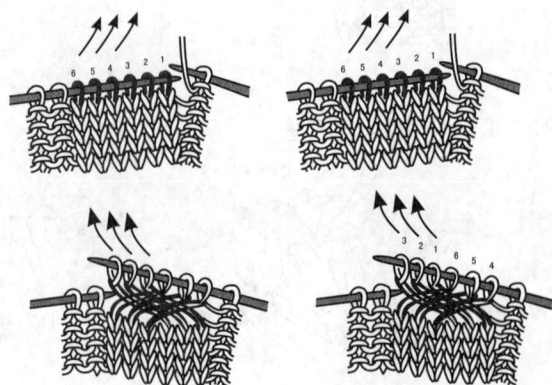

38 袖山减针方法

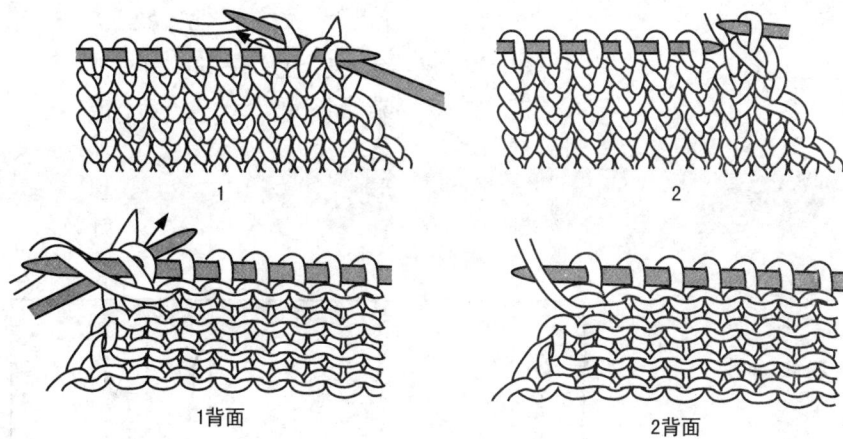

1

2

1背面

2背面

39 另一种减袖山方法

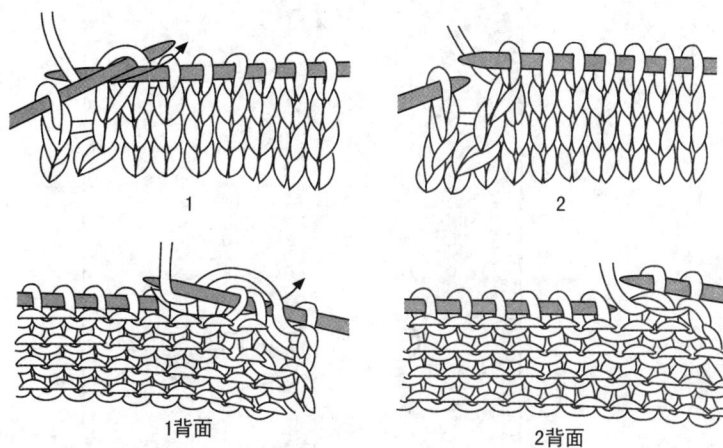

1

2

1背面

2背面

40 圆领减针方法

41 长钩针钩法

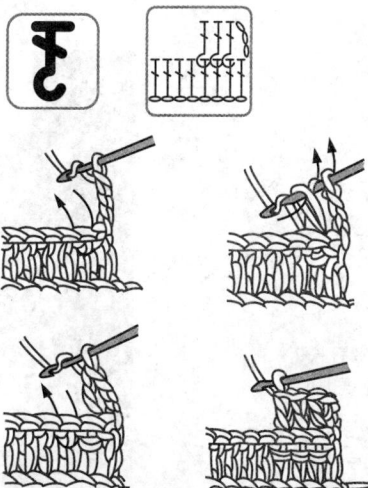

286规格纯毛段染粗线

编织简述:

织一个长方形大片，在相应位置平收针后再平加针，形成两个开口为袖口，从此处挑织袖边。

编织步骤:

❤ 用6号针起150针往返织3cm扭针单罗纹。

❤ 按排花织35cm后，右留42针，中间35针平收，第2行时再平加出原来平收的35针，形成的开口为袖口。

❤ 合片后再按花纹织65cm，重要原方法织第二个开口，合片后再按花纹织35cm后，改织3cm扭针单罗纹，收机械边。

❤ 在袖洞口挑出80针环形织7cm绵羊圈圈针后收平边。

温馨TiPs:

绵羊圈圈针长度6cm，隔一行做一行圈圈。

整体排花：150针

9	15	3	15	3	7	3	6	82	7
锁链球球针	绵羊圈圈针	反针	海棠菱形针	反针	正针	反针	麻花针	正针	锁链球球针

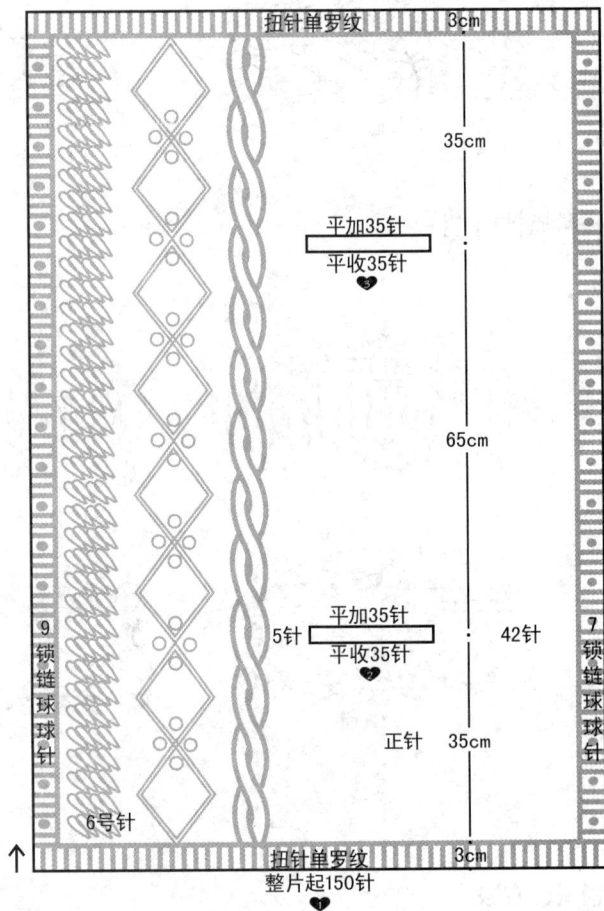

扭针单罗纹　3cm
35cm
平加35针
平收35针
65cm
5针　平加35针　平收35针　42针
35cm
正针
6号针
扭针单罗纹
整片起150针
9 锁链球球针
7 锁链球球针

1

材　料:
286规格纯毛段染粗线

用　量:
650g

工　具:
6号针

尺寸（cm）:
以实物为准

平均密度:
10cm²=19针×24行

挑出80针环形织

袖

绵羊圈圈针

6号针

7cm

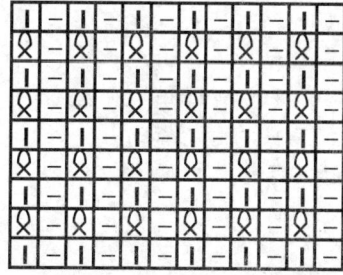

扭针单罗纹

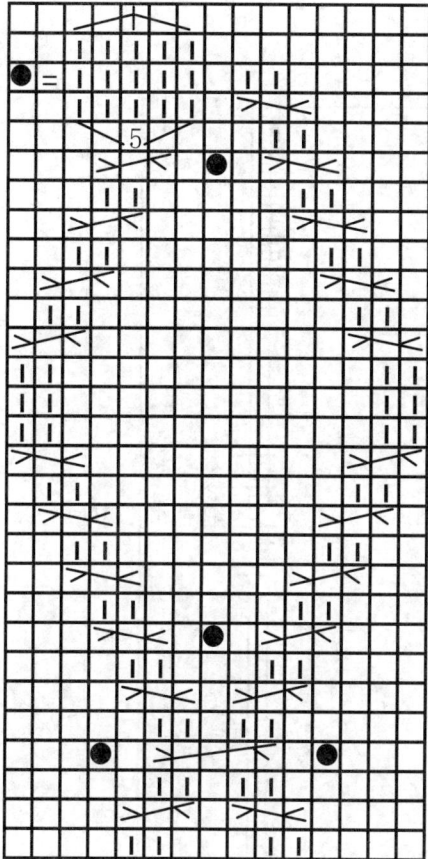

海棠菱形针

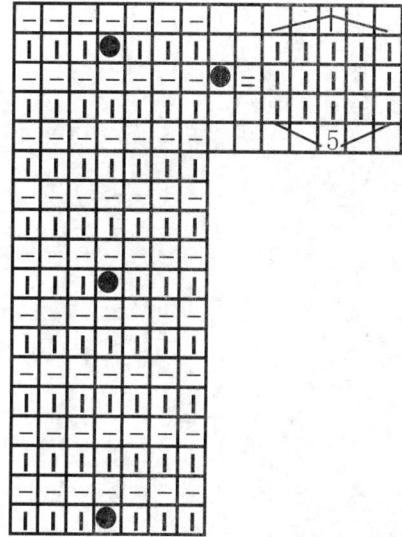

锁链球球针

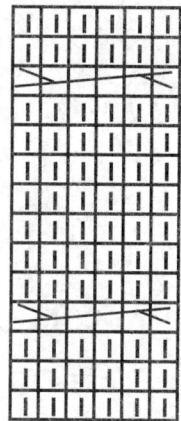

麻花针

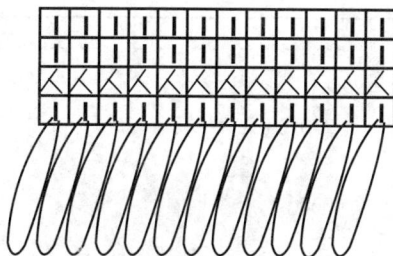

4行
3行
2行
1行

第一行：右食指绕双线织正针，然后把线套绕到正面，按此方法织第2针。
第二行：由于是双线所以2针并1针织正针。
第三、四行：织正针，并拉紧线套。
第五行以后重复第一到第四行。

1

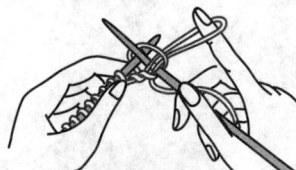

2

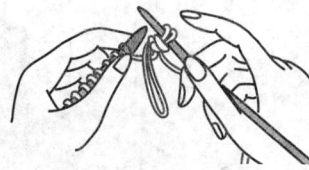

3

绵羊圈圈针

编织简述：

按花纹织一条宽围巾和一条细围巾，取两围巾正中缝合后，再将宽围巾竖对折缝合形成两袖，最后挑织两袖口。

编织步骤：

❤ 用6号针起92针按排花往返织108cm形成宽围巾。

❤ 另线起30针往返织另一条细围巾，花纹每10cm变换一次，总长为110cm后收边。

❤ 取两条围巾正中16cm缝合。

❤ 将宽围巾竖对折按相同字母缝合28cm后形成两个袖，未缝合处为后背。

❤ 用8号针从袖口处挑出40针后环形织25cm扭针单罗纹后收机械边形成袖口边。

温馨Tips：

挑织袖口时，先挑出所有针目，第二行时再统一减至40针向下环形织袖口，挑针处会非常整齐。

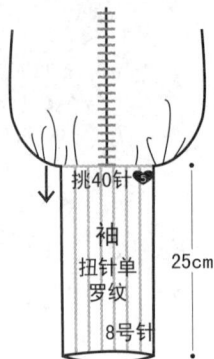

挑40针

袖
扭针单罗纹

8号针

25cm

宽围巾排花：

15	1	12	36	12	1	15
星星针	反针	菱形针星星	蔷薇树星	菱形针星	反针	星星针
		星	针	星		
		针	星	针		

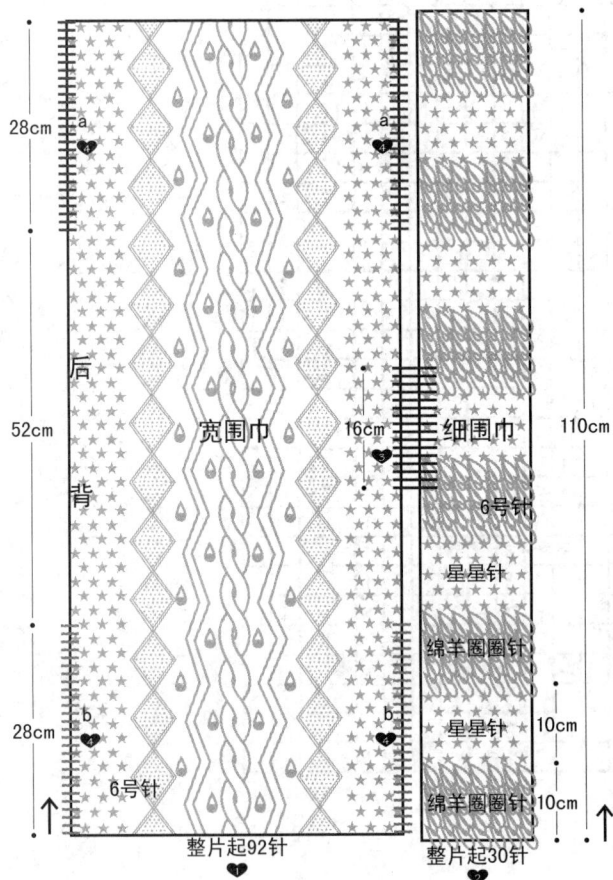

28cm a · · a

后

52cm 宽围巾 16cm 细围巾 110cm

背

6号针

星星针

绵羊圈圈针

星星针

28cm b · · b

6号针 绵羊圈圈针

整片起92针 整片起30针

10cm

10cm

2

材　　料：
273规格纯毛粗线

用　　量：
550g

工　　具：
6号针　8号针

尺寸（cm）：
以实物为准

平均密度：
$10cm^2$=20针×24行

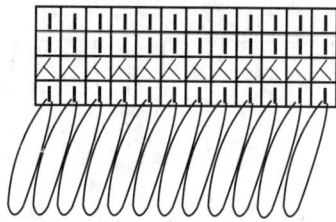

4行
3行
2行
1行

第一行：右食指绕双线织正针，然后把线
套绕到正面，按此方法织第2针。
第二行：由于是双线所以2针并1针织正针。
第三、四行：织正针，并拉紧线套。
第五行以后重复第一到第四行。

绵羊圈圈针

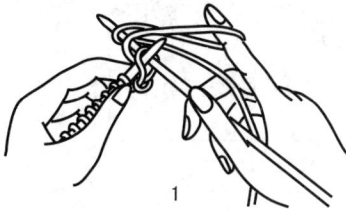

1

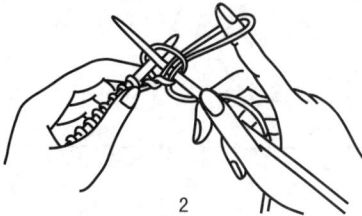

2

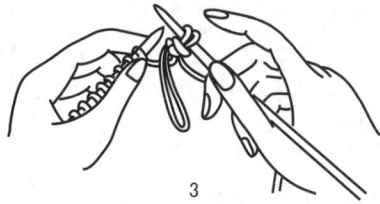

3

绵羊圈圈针

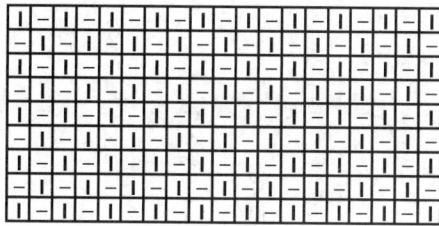

星星针

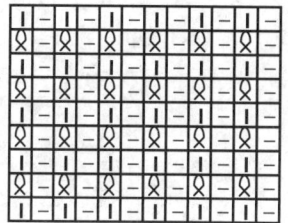

扭针单罗纹

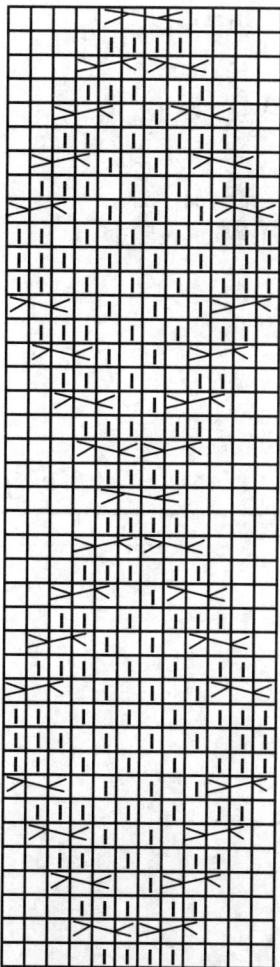

菱形星星针

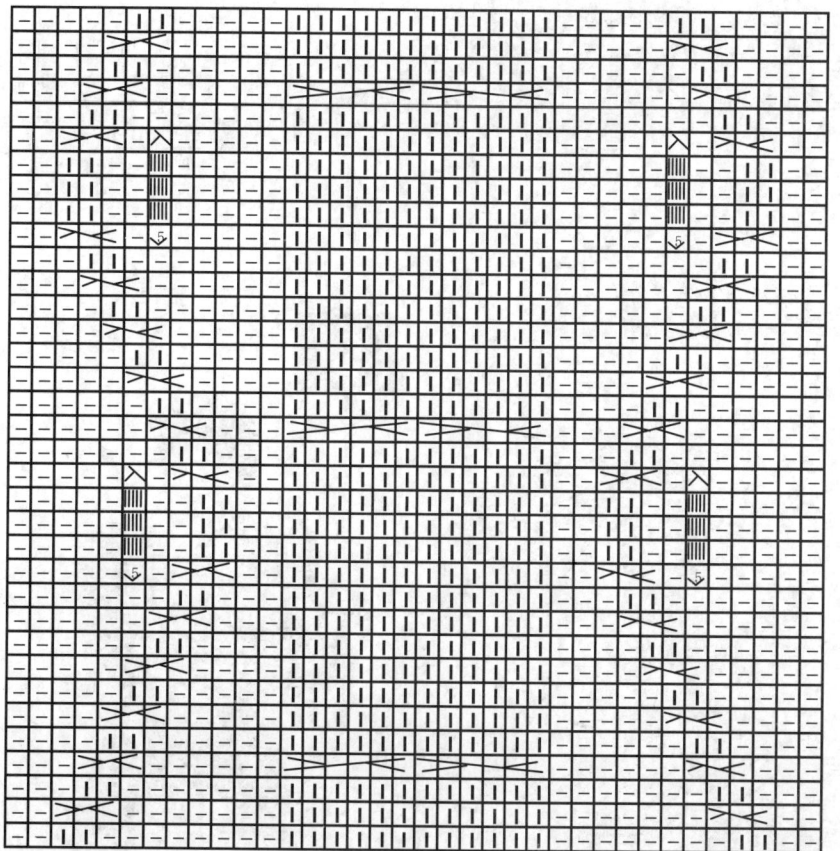

蔷薇树针

编织简述：

　　从下摆起针后向上直织，至腋下后减袖隆，领口同时减针，前后肩头缝合后挑织翻领，并将做好的毛线球系在领边；袖口起针后环形向上织，按要求加减针至腋下，减袖山后余针平收，与正身整齐缝合。

编织步骤：

❤ 用6号针起169针往返织阿尔巴尼亚罗纹针。

❤ 总长至35cm时减袖隆，①平收腋正中10针，②隔1行减1针减5次。

❤ 减袖隆的同时减领口，①平收领一侧10针，②隔5行减1针减6次，前后肩头缝合后，从领口处挑出120针按领子排花往返织翻领，至15cm时改织4cm绵羊圈圈针。

❤ 按图做6个毛线球，缝合在领边。

❤ 袖用6号针起40针环形织3cm扭针单罗纹后，统一加至60针环形织13cm星星球球针后，再统一减至40针改织正针，并在袖腋处隔11行加1次针，每次加2针，共加4次，总长至44cm时减袖山，①平收腋正中10针，②隔1行减1针减12次，余针平收，与正身整齐缝合。

❤ 在左门襟缝5个纽扣。

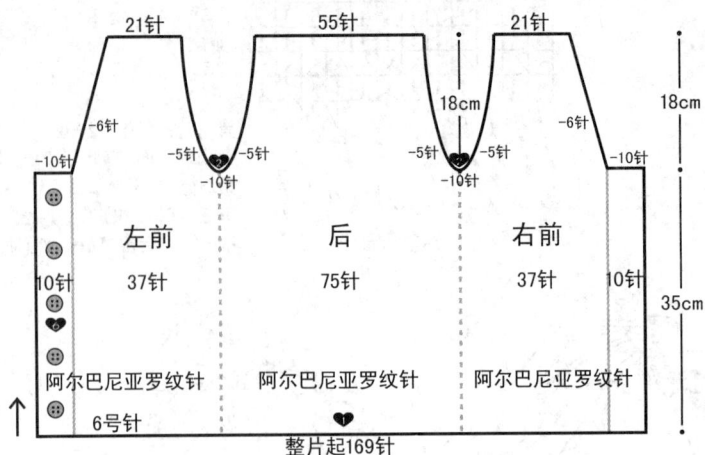

左前 37针 后 75针 右前 37针
21针 55针 21针
18cm 18cm
-6针 -6针
-10针 -5针 -5针 -5针 -5针 -10针
-10针 -10针
10针 10针
35cm
阿尔巴尼亚罗纹针 阿尔巴尼亚罗纹针 阿尔巴尼亚罗纹针
6号针
整片起169针

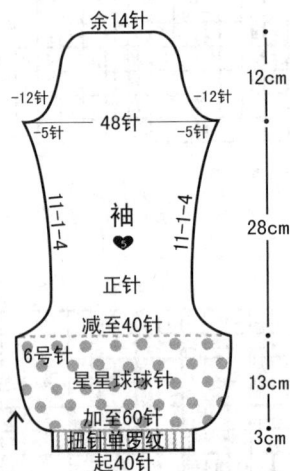

余14针
-12针 -12针
-5针 48针 -5针
12cm
11-1-4 袖 正针 11-1-4
28cm
减至40针
6号针
星星球球针
加至60针
13cm
扭针单罗纹
起40针
3cm

挑20针
挑50针 领 挑50针
6号针

领子排花：

10	100	10
绵羊圈圈	星星球针	绵羊圈圈
圈	针	圈
针		针

温馨Tips：

　　做毛线球球时注意中间的毛线要系紧。

3

材　料：
278规格纯毛粗线

用　量：
650g

工　具：
6号针

尺寸（cm）：
以实物为准

平均密度：
10cm² = 21针×24行

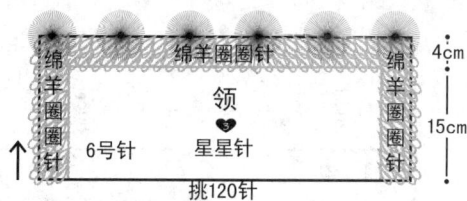

绵羊圈圈针

领 ❤

6号针　星星针

挑120针

4cm

15cm

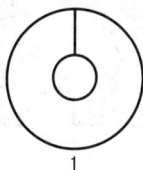

1

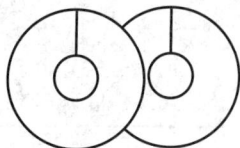

2

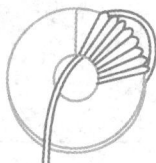

3

毛线球做法 ❤

4

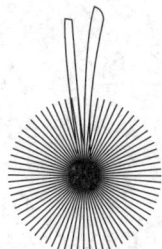

5

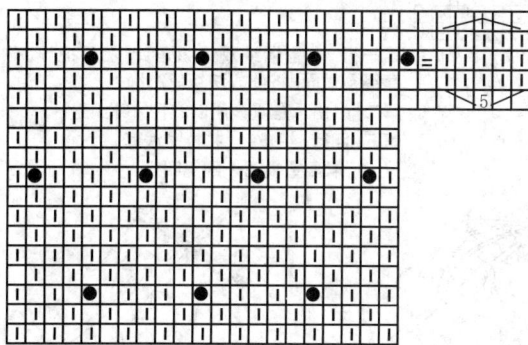

星星球球针

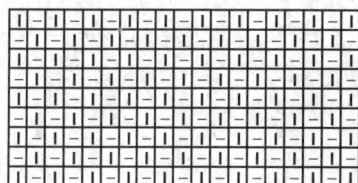

星星针

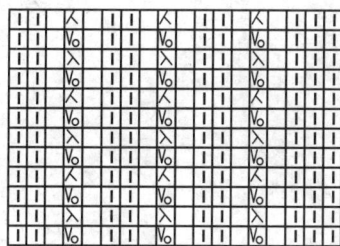

阿尔巴尼亚罗纹针

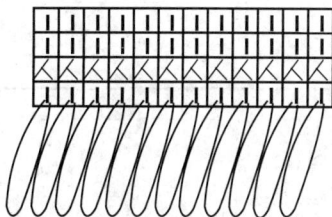

4行
3行
2行
1行

绵羊圈圈针

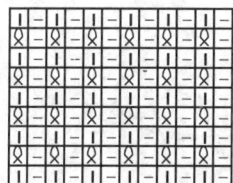

扭针单罗纹

第一行: 右食指绕双线织正针,然后把线
套绕到正面,按此方法织第2针。
第二行: 由于是双线所以2针并1针织正针。
第三、四行: 织正针,并拉紧线套。
第五行以后重复第一到第四行。

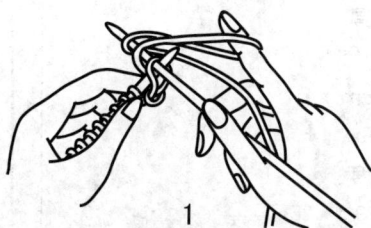

1

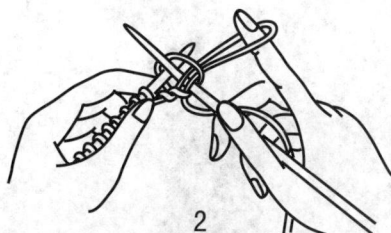

2

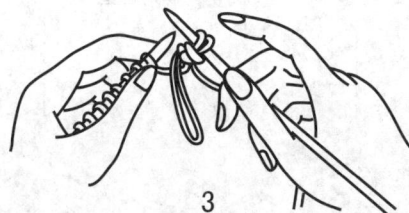

3

绵羊圈圈针

编织简述：

从披肩的左袖口起针环形向上织，相应长后，分片往返织完成后背，再次合圈后环形织右袖，主体完成后，分别环形挑织两袖和门襟边。

编织步骤：

❤ 用6号针起88针环形织20cm大方格针。

❤ 改分片织50cm1/2方格针。

❤ 再次合圈织20cm大方格针后收平边。

❤ 按图分别从两侧挑出52针，用6号针环形织10cm绵羊圈圈针后，换8号针环形织20cm扭针单罗纹并收机械边形成袖口。

❤ 从分片织的上、下50cm位置挑出200针，用6号针环形织10cm绵羊圈圈针后，改织4cm扭针单罗纹球球针并收机械边形成门襟边。

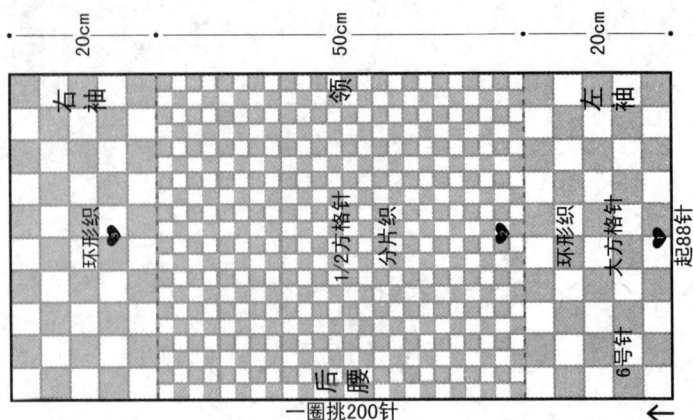

一圈挑200针

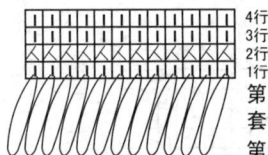
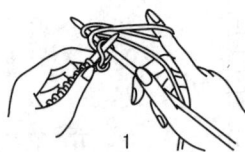
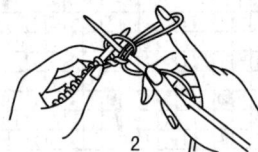

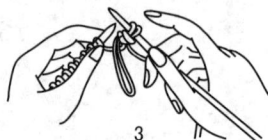

4行
3行
2行
1行

第一行：右食指绕双线织正针，然后把线套绕到正面，按此方法织第2针。

第二行：由于是双线所以2针并1针织正针。

第三、四行：织正针，并拉紧线套。

第五行以后重复第一到第四行。

1   2

3

绵羊圈圈针

温馨TiPS：

门襟边的4cm扭针单罗纹球球针也用6号针编织。

4

材　料：

278规格纯毛粗线

用　量：

400g

工　具：

6号针　8号针

尺寸（cm）：

以实物为准

平均密度：

$10cm^2$=19针×25行

领

4cm

10cm

10cm   20cm

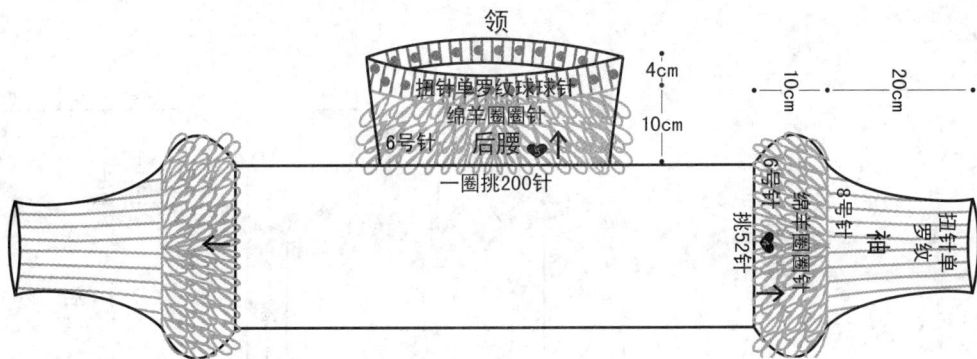

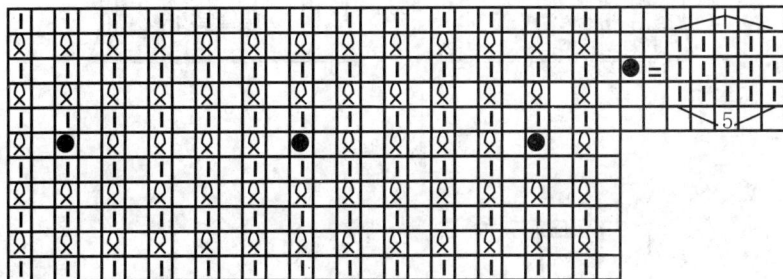

扭针单罗纹球球针
绵羊圈圈针
6号针   后腰 ❤↑

一圈挑200针

6号针
绵羊圈圈针
挑52针
8号针
袖
扭针单罗纹

扭针单罗纹球球针

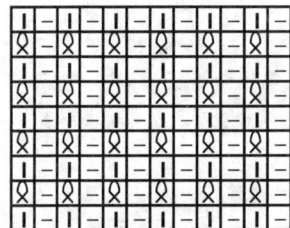

● =

5.

扭针单罗纹

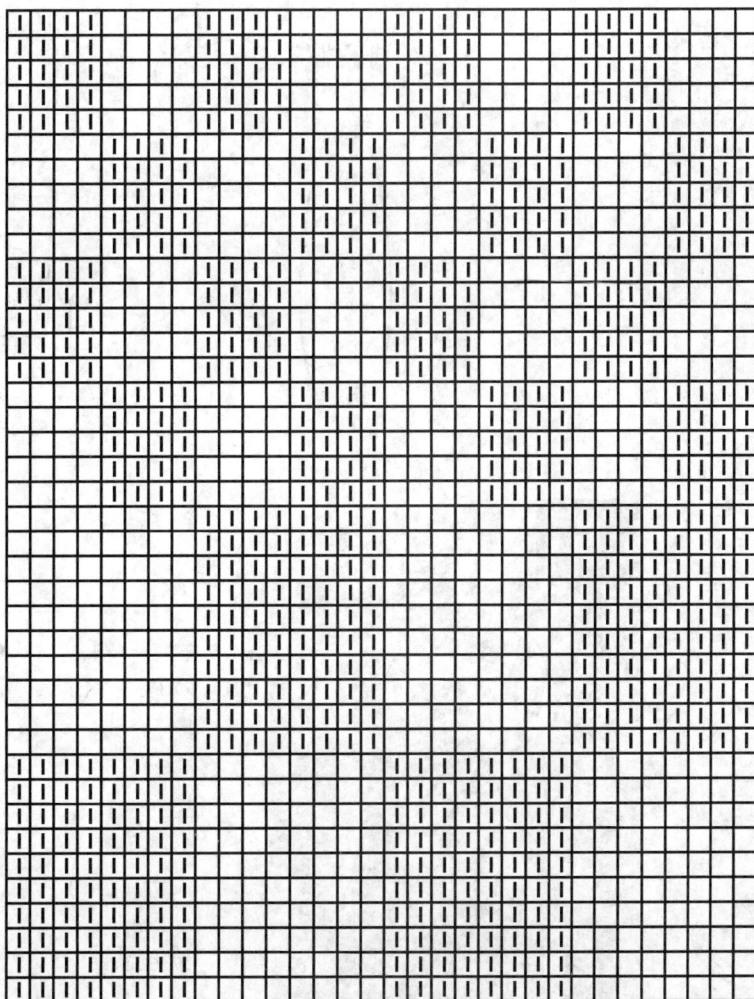

大方格针和1/2方格针

编织简述：

从下摆起针后环向上织，减领口和减袖窿同时进行，前后肩头缝合后挑织领子；袖口起针后按花纹环形向上织，并在袖腋处规律加针至腋下，减袖山后余针平收，与正身整齐缝合。

编织步骤：

♥ 用6号针起140针环形织15cm扭针单罗纹。

♥ 改织18cm正针后减袖窿，①平收腋正中8针，②隔1行减1针减3次。袖窿减完后，前后肩头余针改织绵羊圈圈针至肩头等高处缝合。

♥ 减领口与减袖窿同时进行，①将前片左右均分，每侧隔2行减1针减3次，②隔7行减1针减5次，余针向上直织，与后肩等高时缝合前后肩头，并用8号针从领口处环形挑出100针织3cm扭针单罗纹后收机械边。

♥ 袖口用6号针起36针按袖子排花向上环形织，并在袖腋处隔13行加1次针，每次加2针，共加5次，总长至41cm时减袖山，①平收腋正中8针，②隔1行减1针减12次，余针平收，与正身整齐缝合。

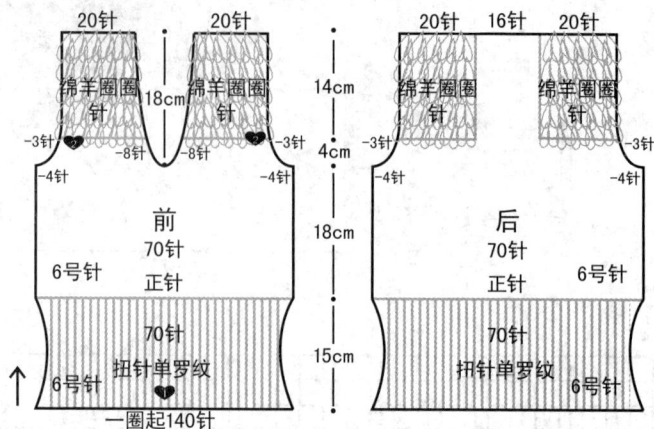

前
20针 20针 ｜ 20针 16针 20针
绵羊圈圈针 18cm 绵羊圈圈针 14cm 绵羊圈圈针 绵羊圈圈针
-3针 -8针 -8针 -3针 4cm -3针 -3针
-4针 -4针 -4针 -4针

前
70针
正针

后
70针
正针

6号针 18cm 6号针

70针
扭针单罗纹 15cm 70针
扭针单罗纹

6号针 6号针
一圈起140针 一圈起140针

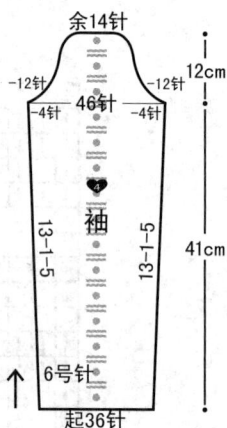

领
3cm
扭针单罗纹
8号针
一圈挑100针

袖子排花：
7
锁
链
球
球
针
29
正针

余14针
-12针 -12针 12cm
-4针 46针 -4针
13-1-5 袖 13-1-5 41cm

6号针
起36针

温馨TiPS：
绵羊圈圈长度控制在4cm左右。

5

材　　料：
278规格纯毛粗线

用　　量：
500g

工　　具：
6号针　8号针

尺寸（cm）：
以实物为准

平均密度：
$10cm^2$=20针×24行

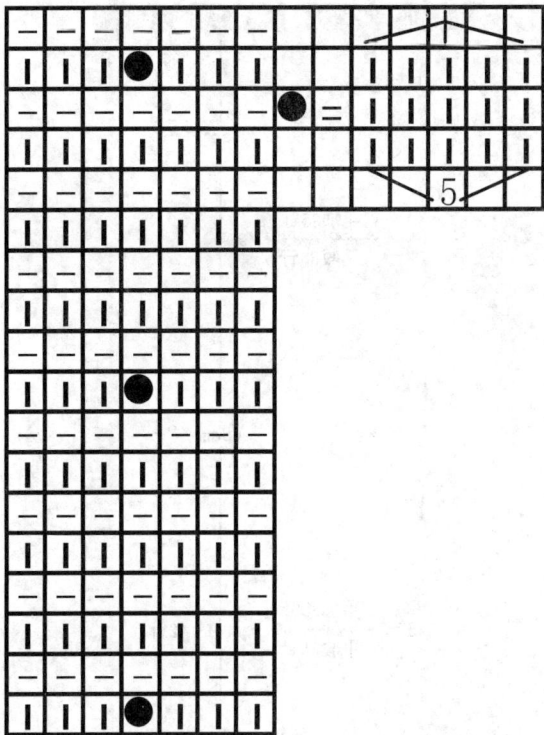

锁链球球针

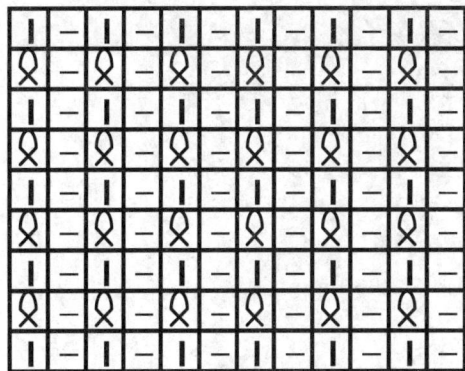

扭针单罗纹

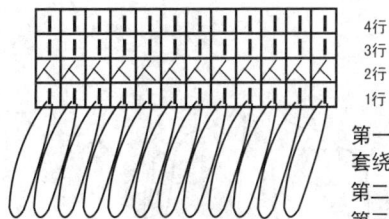

4行
3行
2行
1行

绵羊圈圈针

第一行: 右食指绕双线织正针,然后把线套绕到正面,按此方法织第2针。
第二行: 由于是双线所以2针并1针织正针。
第三、四行: 织正针,并拉紧线套。
第五行以后重复第一到第四行。

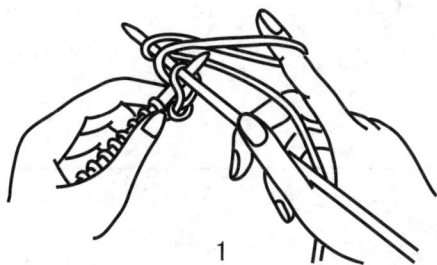

1

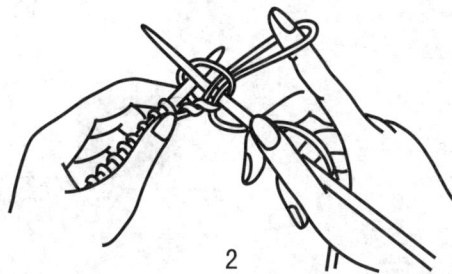

2

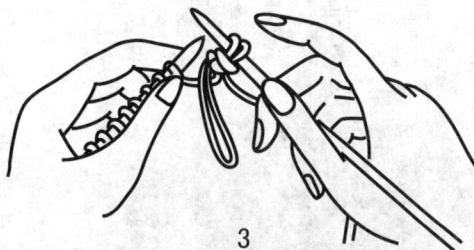

3

绵羊圈圈针

编织简述：

织一个长方形大片，在相应位置平收针后再平加针，形成两个开口为袖窿口，从此处挑织袖边。

编织步骤：

♥ 用直径0.6cm粗竹针起150针整体往返织3cm扭针单罗纹。

♥ 按排花织35cm后，右留42针，中间35针平收，第2行时再平加出原来平收的35针，形成的开口为袖口。

♥ 合片后再按花纹织65cm，重复原方法织第二个开口，合片后再按花纹织35cm后，改织3cm扭针单罗纹，收机械边。

♥ 在袖洞口挑出70针环形织7cm绵羊圈圈针后收平边。

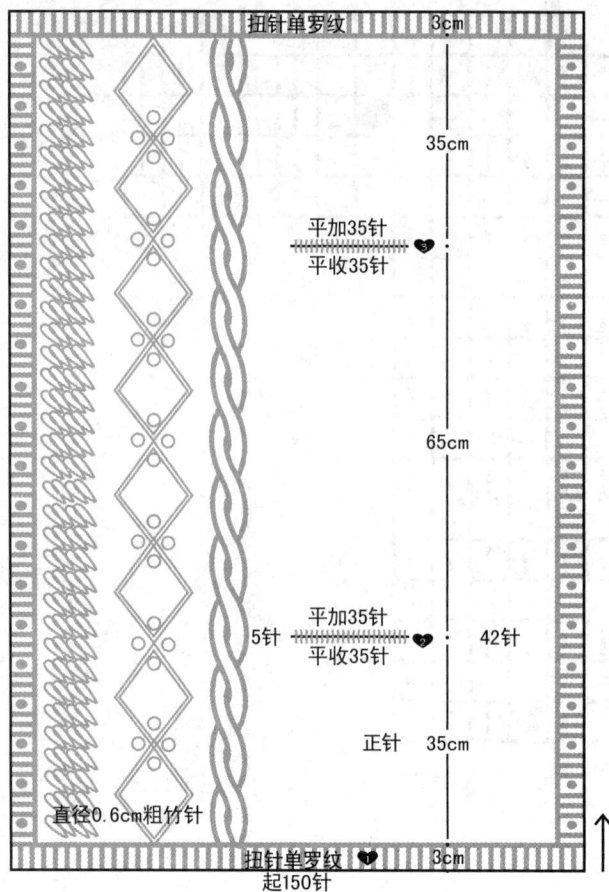

扭针单罗纹 3cm

35cm

平加35针
平收35针

65cm

平加35针
平收35针

5针   42针

正针   35cm

直径0.6cm粗竹针

扭针单罗纹 3cm
起150针

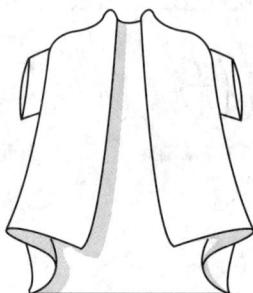

挑出70针环形织
袖 ♥
绵羊圈圈针
直径0.6cm粗竹针

7cm

温馨TiPs：

披肩要用粗针、粗线编织，效果柔软又飘逸。

6

材　　料：
286规格纯毛粗线

用　　量：
650g

工　　具：
直径0.6cm粗竹针

尺寸（cm）：
以实物为准

平均密度：
10cm² = 19针 × 24行

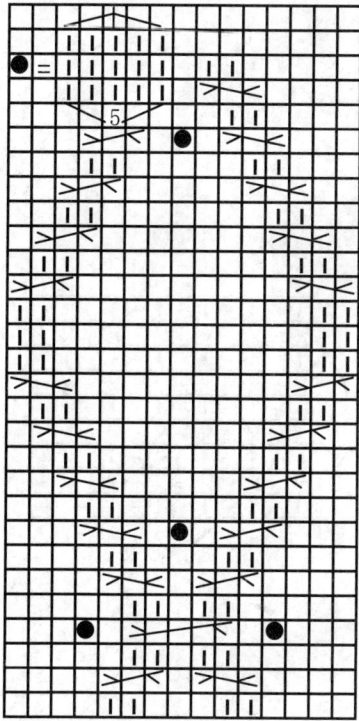

海棠菱形针

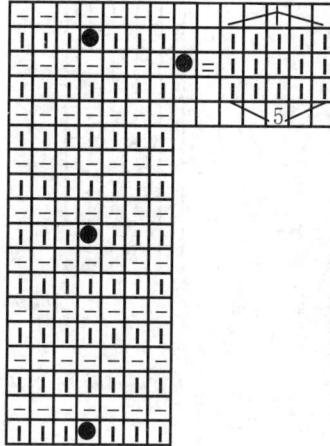

锁链球球针

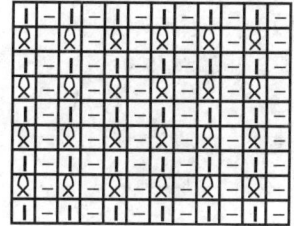

扭针单罗纹

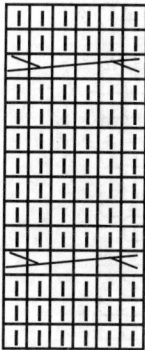

麻花针

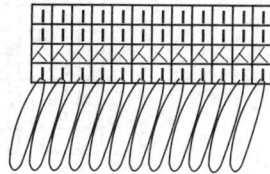

绵羊圈圈针

4行
3行
2行
1行

第一行: 右食指绕双线织正针, 然后把线套绕到正面, 按此方法织第2针。
第二行: 由于是双线所以2针并1针织正针。
第三、四行: 织正针, 并拉紧线套。
第五行以后重复第一到第四行。

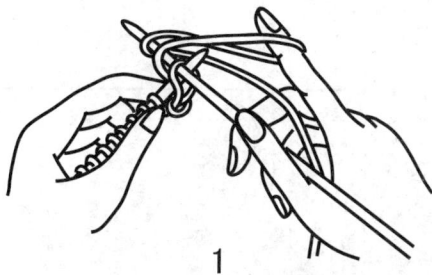

1

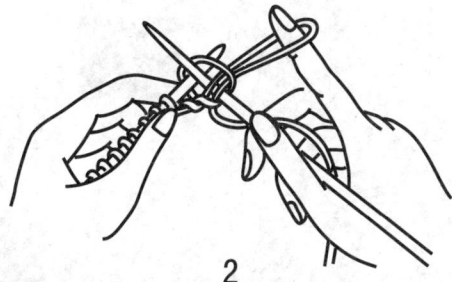

2

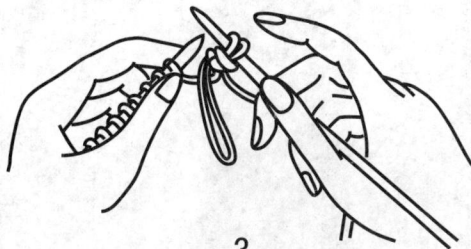

3

绵羊圈圈针

编织简述：

织一个长方形大片，分别减针后再加针形成开口，在此处环形挑针织袖子。

编织步骤：

❤ 用6号针起130针，左右织5针锁链针加球球，中间120针织绵羊圈圈针至40cm。

❷ 不加减针改织金鱼草针，左右5针锁链针加球球不变。

❸ 织3cm金鱼草针后，在中部12cm位置平收24针后再平加出24针，形成开口为袖隆口。

❹ 合针织50cm金鱼草针织第二个开口，最后向上织3cm后改织40cm绵羊圈圈针，收机械边。

❺ 分别从两个开口处环形挑40针织35cm扭针单罗纹为袖子，收机械边。

温馨Tips：

注意两个开口要留在平行位置.

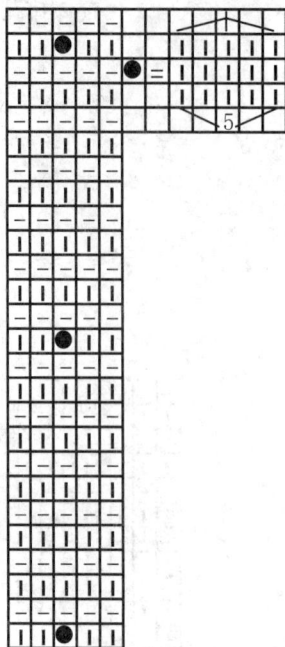

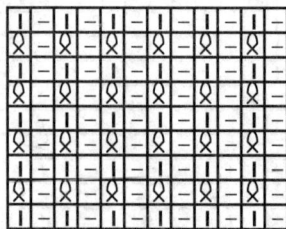

扭针单罗纹

锁链针加球球

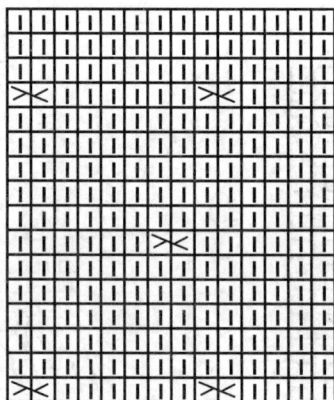

金鱼草针

7

材　料：

268规格纯毛粗线

用　量：

550g

工　具：

6号针

尺寸（cm）：

以实物为准

平均密度：

10cm²=19针×24行

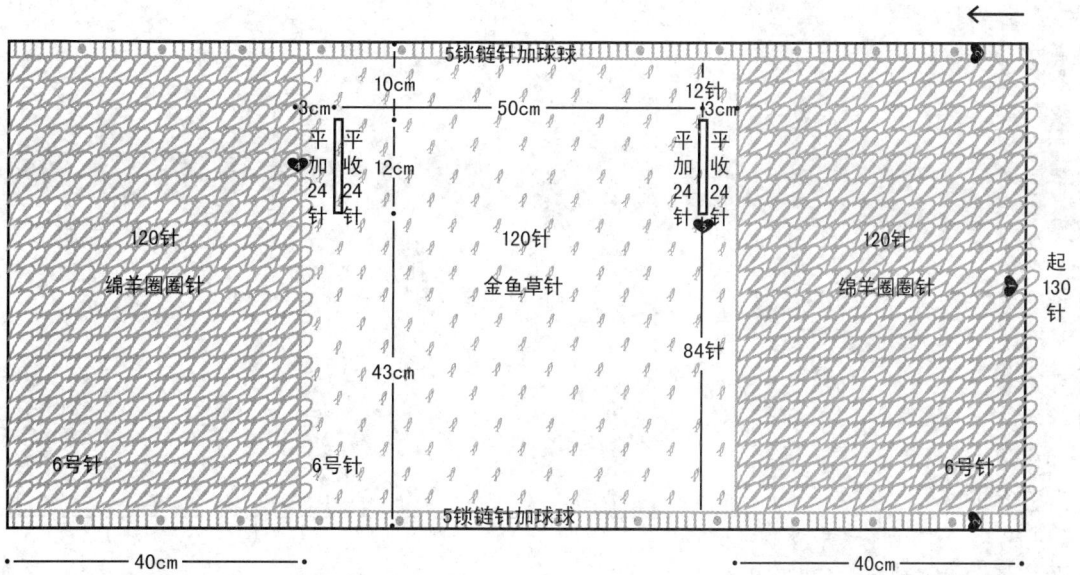

5锁链针加球球

10cm
3cm 50cm 12针
3cm

平加 平收 12cm 平加 平收
24针 24针 24针 24针

120针 120针 120针
绵羊圈圈针 金鱼草针 绵羊圈圈针

起
130
针

43cm 84针

6号针 6号针 6号针

5锁链针加球球

40cm 40cm

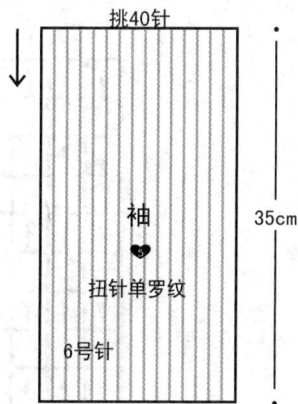

挑40针

袖

35cm

扭针单罗纹

6号针

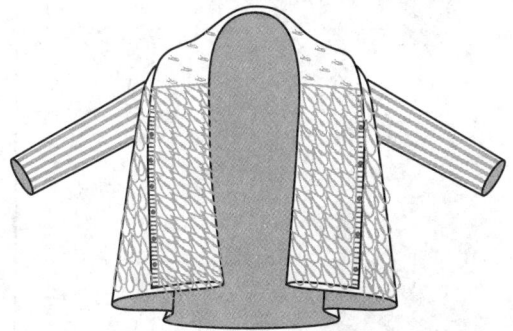

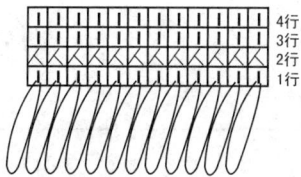

4行
3行
2行
1行

绵羊圈圈针

第一行：右食指绕双线织正针，然后把线
套绕到正面，按此方法织第2针。
第二行：由于是双线所以2针并1针织正针。
第三、四行：织正针，并拉紧线套。
第五行以后重复第一到第四行。

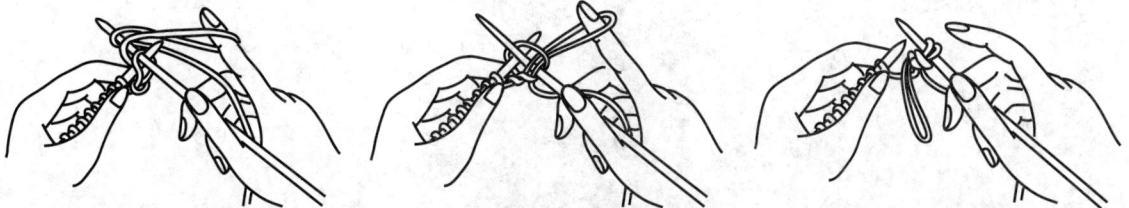

绵羊圈圈针

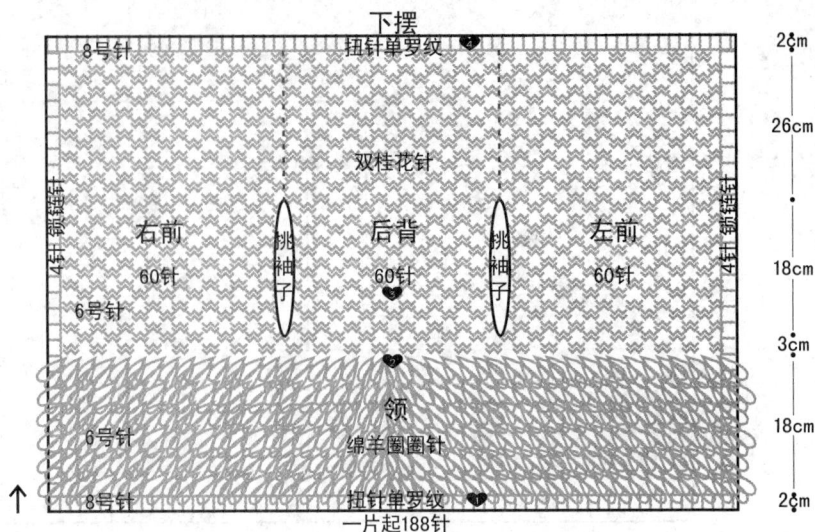

编织简述：

按花纹往返织一个有两个洞的长方形，最后从洞口挑针向下环形织袖子。

编织步骤：

❤ 用8号针起188针往返织2cm扭针单罗纹。

❤ 换6号针按披肩排花往返织18cm后，取正中的180针改织双桂花针，左右各4锁链针不变。

❤ 总长至23cm时，将整片分三小片向上织，后背片60针、左右片各64针。织18cm后，再合成188针大片向上往返织，形成的长洞为袖窿口。

❤ 总长至67cm时，换8号针改织2cm扭针单罗纹后收机械边。

❤ 从袖窿口挑出48针，用8号针环形向下织50cm扭针单罗纹后收针形成袖子。

下摆

8号针　扭针单罗纹　2cm

双桂花针　26cm

右前　后背　左前
60针　60针　60针
6号针　18cm

领　3cm

6号针　绵羊圈圈针　18cm

8号针　扭针单罗纹　2cm
一片起188针

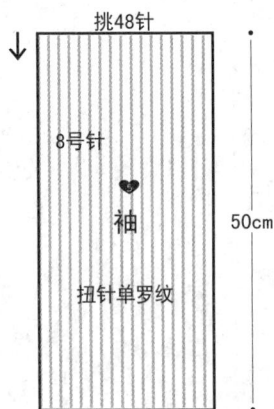

挑48针

8号针

袖

扭针单罗纹

50cm

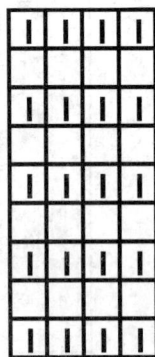

锁链针

8

温馨TiPS:

服装从领子向下摆方向编织。

材　　料：
278规格纯毛粗线

用　　量：
600g

工　　具：
6号针　8号针

尺寸（cm）：
以实物为准

平均密度：
10cm²=19针×25行

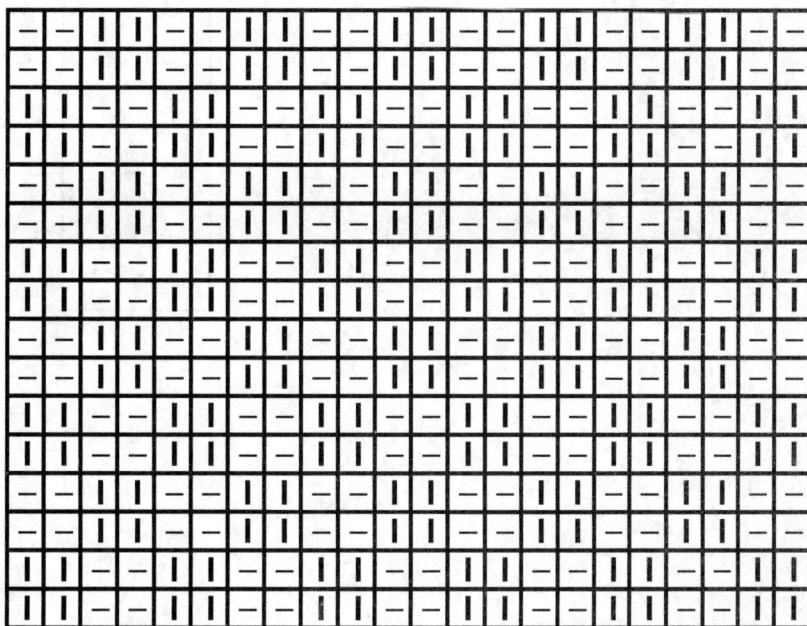

双桂花针

披肩排花：

4 180 4

锁 绵 锁
链 羊 链
针 圈 针
　　圈
　　针

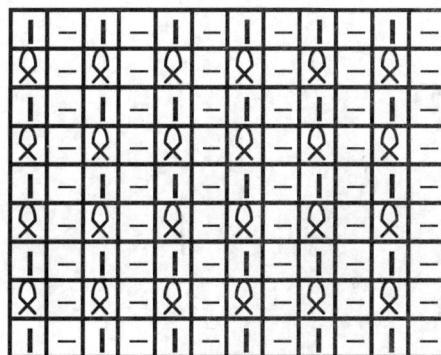

扭针单罗纹

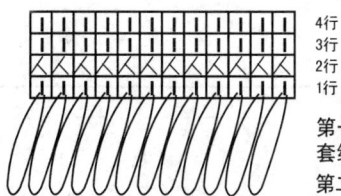

绵羊圈圈针

4行
3行
2行
1行

第一行：右食指绕双线织正针，然后把线套绕到正面，按此方法织第2针。

第二行：由于是双线所以2针并1针织正针。

第三、四行：织正针，并拉紧线套。

第五行以后重复第一到第四行。

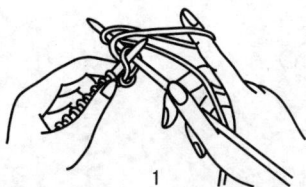

1

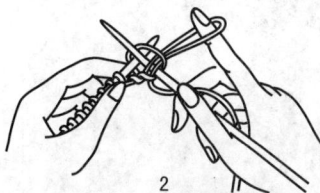

2

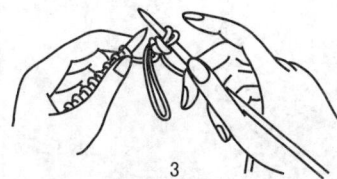

3

绵羊圈圈针

编织简述：

按排花往返织一条长围巾，取长围巾中段位置挑针向下织后背片，按相同字母缝合各处后形成披肩，最后挑织两袖。

编织步骤：

❤ 用6号针起32针按长围巾排花往返向上织148cm。

❤ 在长围巾绵羊圈圈针一侧正中32cm位置横挑出56针，按后背排花往返向下织46cm后收平边形成后背片。

❤ 在长围巾和后背片的侧面各取30cm按相同字母缝合，未缝的位置为袖隆口。

❤ 用6号针从袖隆口挑出所有针目，第2行时再统一减至40针，按袖子排花环形向下织40cm后，换8号针织5cm扭针单罗纹后收机械边形成袖子。

温馨TiPs：

挑织后背片时注意整齐，从长围巾正中的32cm位置挑针向下织。

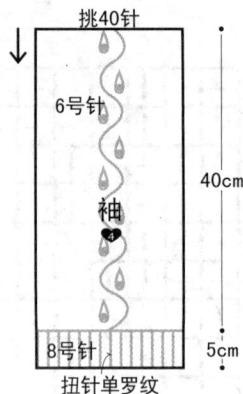

挑40针

6号针

40cm

袖

8号针

5cm

扭针单罗纹

袖子排花：

8
花
蕾
针

32
反针

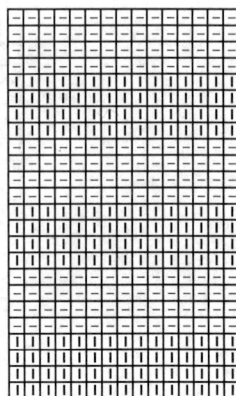

宽锁链针

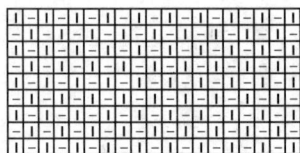

星星针

9

材　　料：

278规格纯毛粗线

用　　量：

500g

工　　具：

6号针　8号针

尺寸（cm）：

以实物为准

平均密度：

10cm² = 20针 × 25行

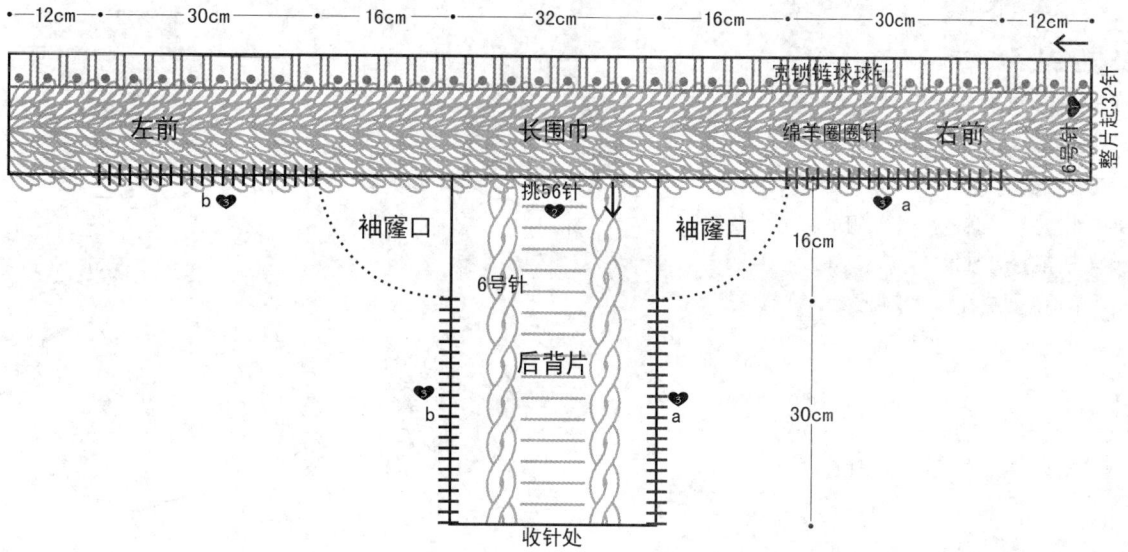

| ·12cm· | ·30cm· | ·16cm· | ·32cm· | ·16cm· | ·30cm· | ·12cm· |

宽锁链球球针

左前　　　　　　　　　　　　长围巾　　　　　　绵羊圈圈针　右前

整片起32针
6号针

b♥　　　　　　袖窿口　　挑56针↓　　袖窿口　　　　　　a

16cm

6号针

后背片

b♥　　　♥a

30cm

收针处

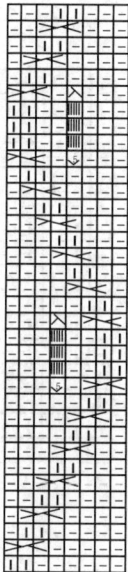

花蕾针

长围巾排花：

23	9
绵	宽
羊	锁
圈	链
圈	球
针	球
	针

后背片排花：

8	1	8	1	20	1	8	1	8
星	反	麻	反	宽	反	麻	反	星
星	针	花	针	锁	针	花	针	星
针	针	针	针	链	针	针	针	针
				球				
				球				
				针				

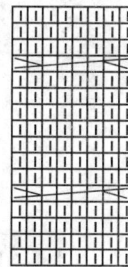

麻花针

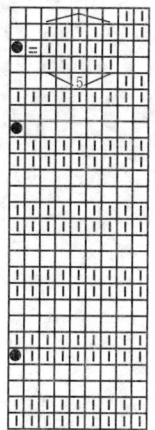

宽锁链球球针

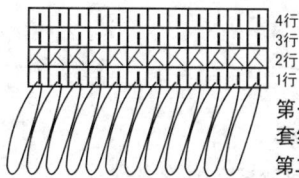

4行
3行
2行
1行

绵羊圈圈针

第一行：右食指绕双线织正针，然后把线套绕到正面，按此方法织第2针。
第二行：由于是双线所以2针并1针织正针。
第三、四行：织正针，并拉紧线套。
第五行以后重复第一到第四行。

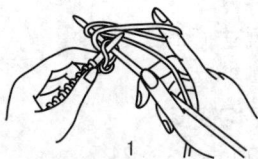

1

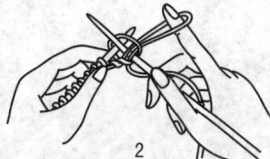

2

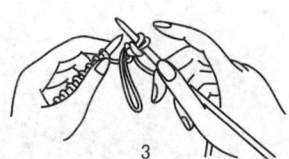

3

绵羊圈圈针

编织简述：

　　从后腰处起针按排花织片，后腰正中按规律减针，左右花纹合在一起再向上织后背，然后在侧面挑织袖片，按规律减针后，余针待织；另线起针织一条长围巾，按图侧缝合于门襟、领口、后脖处；开口为袖窿口，从此处挑针后向下织袖子。

编织步骤：

❤ 用6号针起137针，按后腰排花往返向上织。

❤ 左右34针绵羊圈圈针向上直织，中间的69针扭针单罗纹共分三份，在每份内规律减针，①隔1行减1针减10次，②隔3行减1针减13次，减完69针，余68针继续向上织28cm绵羊圈圈针后收平边。

❤ 用6号针分别从两侧挑出所有针目织袖边，第2行时减至91针织扭针单罗纹，并分三份，隔1行在每份内减1针减16次后，余27针串起待织。

❤ 用6号针另线起43针按长围巾排花往返织160cm后收针，并侧缝合在门襟、领口、后脖处。

❤ 袖子：从围巾一侧挑出25针，与待织的27针合成52针后，一次性减至40针环形织40cm扭针双罗纹形成袖子。

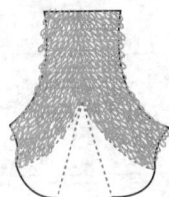
1

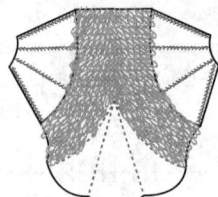
2

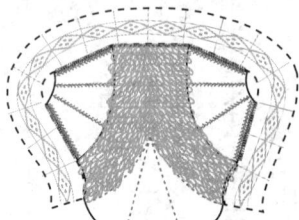
3

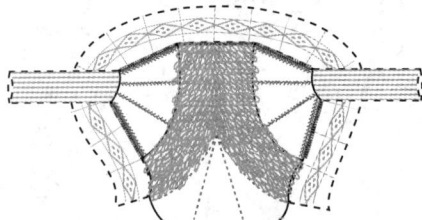
4

长围巾排花：

13	1	15	1	13
桂花针	反针	四季豆针	反针	桂花针

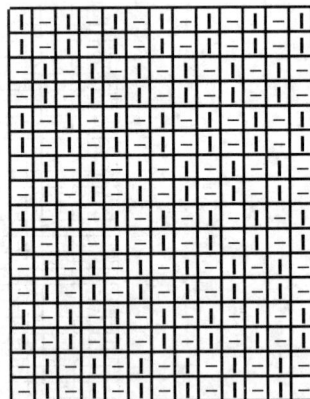

桂花针

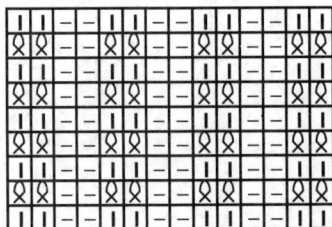

扭针双罗纹

温馨Tips：

　　绵羊圈圈长度以3cm为宜。

10

材　　料：
286规格纯毛粗线

用　　量：
650g

工　　具：
6号针

尺寸（cm）：
以实物为准

平均密度：
10cm² = 22针 × 24行

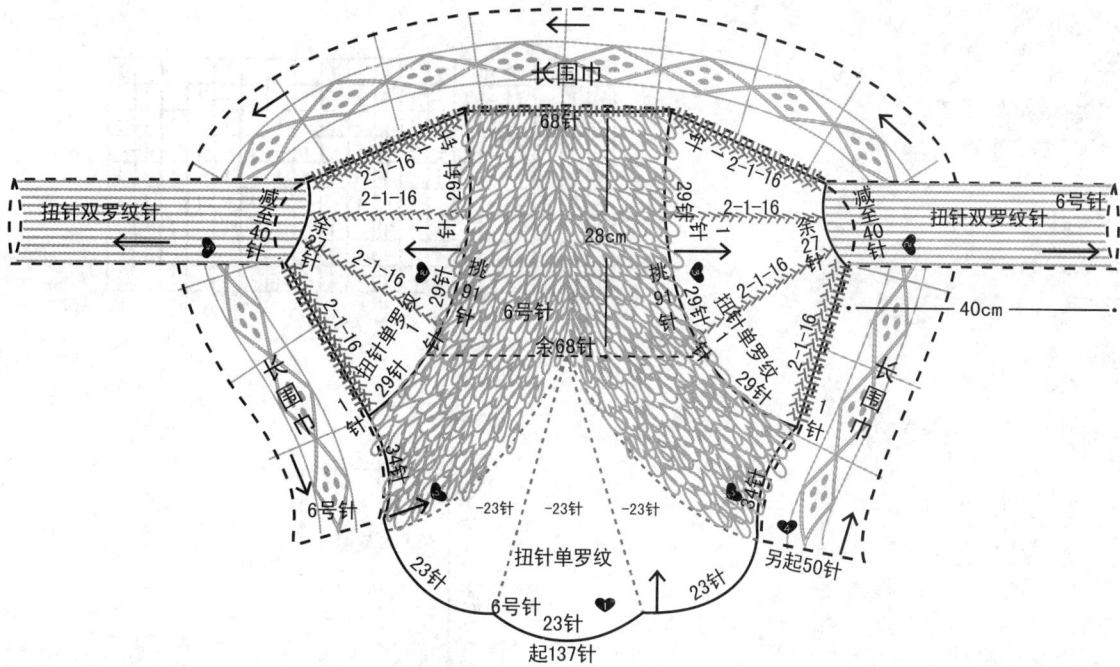

長围巾

68针

2-1-16

28cm

6号针

余68针

6号针

扭针双罗纹针

6号针

减至40针

减至40针

扭针双罗纹针

40cm

長围巾

長围巾

-23针 -23针 -23针

扭针单罗纹

23针 23针

6号针

23针

另起50针

起137针

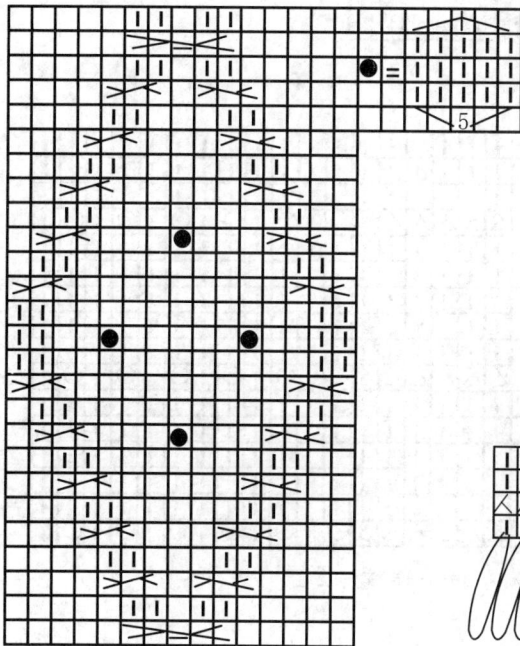

四季豆针

后腰排花：

34	69	34
绵	扭	绵
羊	针	羊
圈	单	圈
圈	罗	圈
针	纹	针

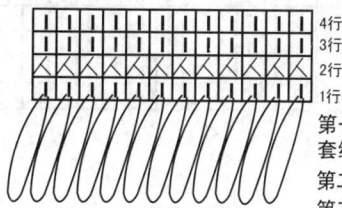

4行
3行
2行
1行

绵羊圈圈针

第一行：右食指绕双线织正针，然后把线
套绕到正面，按此方法织第2针。
第二行：由于是双线所以2针并1针织正针。
第三、四行：织正针，并拉紧线套。
第五行以后重复第一到第四行。

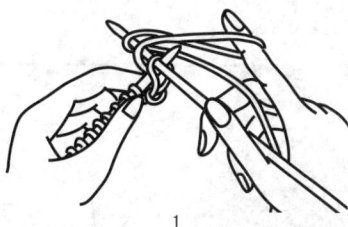

1

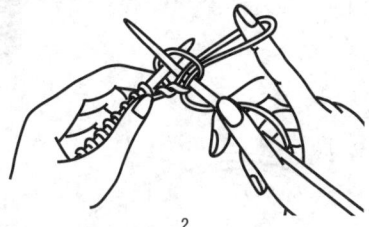

2

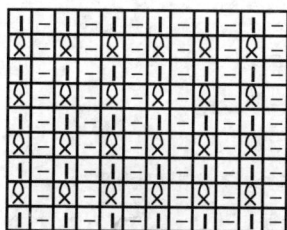

扭针单罗纹

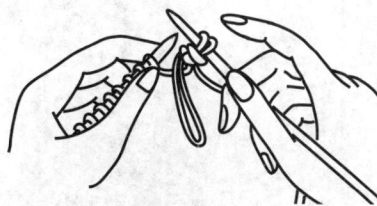

3

绵羊圈圈针

从披肩的右门襟起针经后背至左门襟往返横织。中间注意按要求减针和加针完成左右袖隆；另线起针完成领肩片，按相同字母与正身缝合后，从袖隆分别挑织两袖。

编织步骤：

❤ 用6号针从右前门襟边处起108针往返向上织单波浪凤尾针。

❤ 总长至57cm时，取右侧边沿隔1行减1针减8次后，将余下的100针不加减向上直织4cm后，再隔1行加1针加8次，恢复原有的108针向上直织22cm后，重复以上减针和加针动作完成第二个袖隆。

❤ 再次合成108针后向上直织57cm后收平边形成左前门襟边。

❤ 领肩片用6号针另线起36针往返织56cm绵羊圈圈针后收针，按图中相同字母位置缝合。

❤ 用6号针从袖隆口环形挑出36针织35cm单波浪凤尾针后，改8号针环形织8cm扭针单罗纹后收机械边形成袖子。

❤ 最后用6号针在披肩下沿上方15cm位置挑出20针，往返向上织10cm星星针后收平边，并将两侧整齐缝合形成口袋。

温馨TiPs：

注意完成披肩正身后，先织两个袖子并与正身缝合，最后织领子。

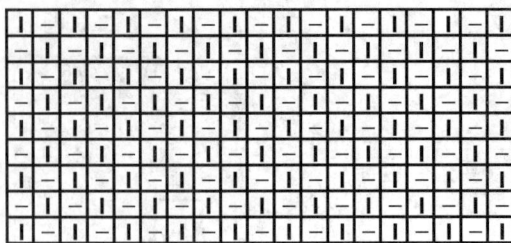

星星针

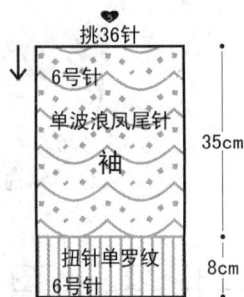

挑36针
6号针
单波浪凤尾针
袖
35cm
扭针单罗纹
6号针
8cm

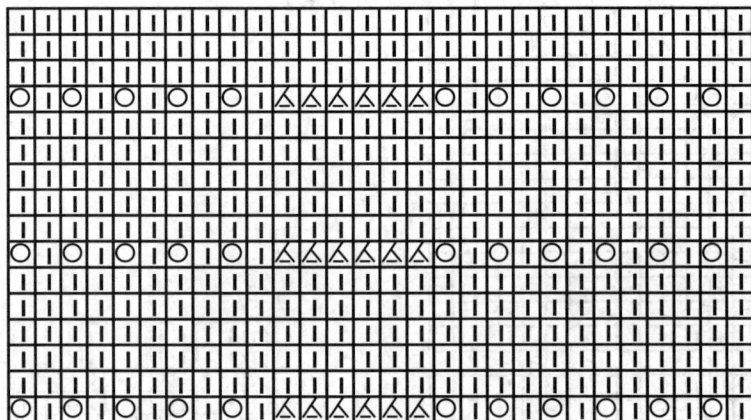

单波浪凤尾针

11

材　料：
275规格纯毛粗线
用　量：
600g
工　具：
6号针 8号针
尺寸（cm）：
衣长69 袖长43 胸围77 肩宽23
平均密度：
10cm²=19针×25行

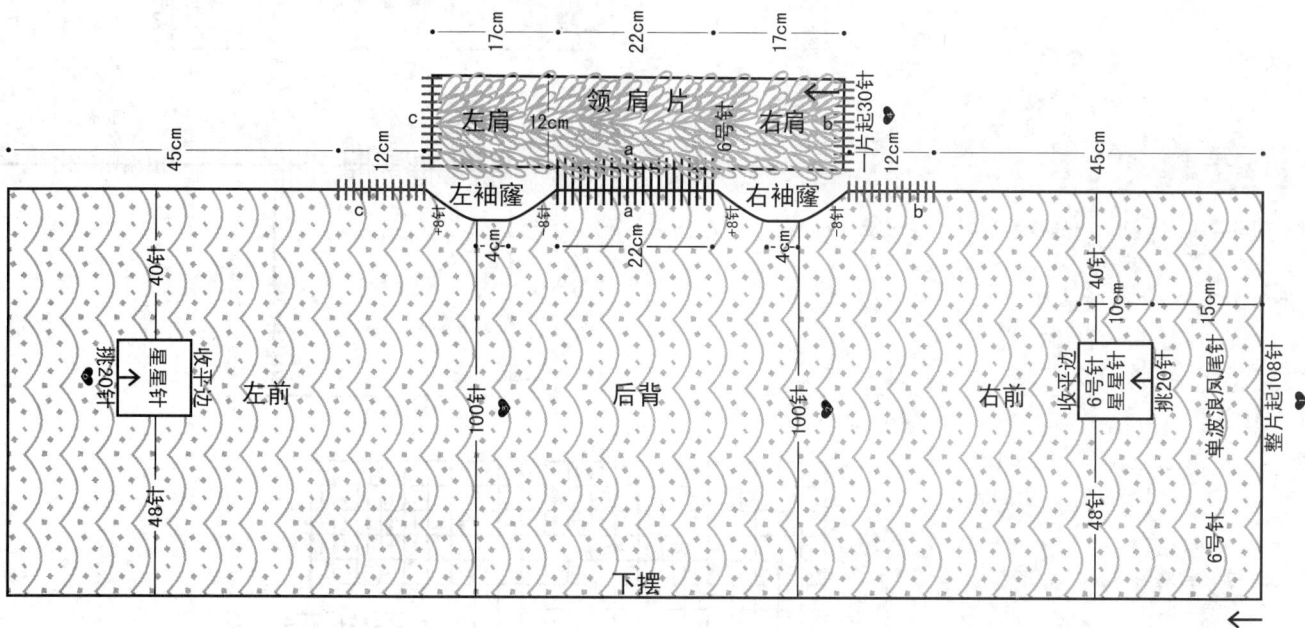

17cm　22cm　17cm

领 肩 片

左肩 12cm　右肩　6号针　一片起30针

45cm　　12cm　左袖窿　a　右袖窿　12cm　45cm

4cm　22cm　4cm

左前　挑20针　14针　星星针　14针　勾边　40针　48针

100针　后背　100针

右前　收平边　6号针　星星针　挑20针　40针　10cm　48针　6号针　单波浪凤尾针 15cm　整片起108针

下摆

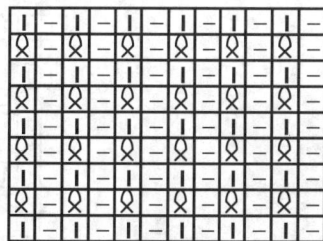

扭针单罗纹

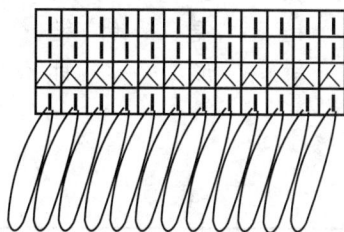

4行　3行　2行　1行

绵羊圈圈针

第一行: 右食指绕双线织正针, 然后把线套绕到正面, 按此方法织第2针。

第二行: 由于是双线所以2针并1针织正针。

第三、四行: 织正针, 并拉紧线套。

第五行以后重复第一到第四行。

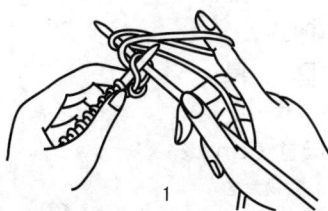
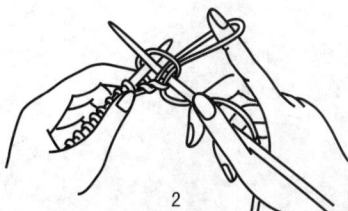
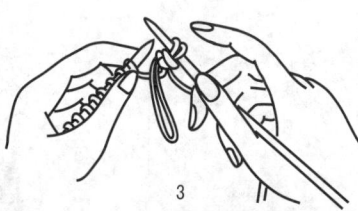

1　2　3

绵羊圈圈针

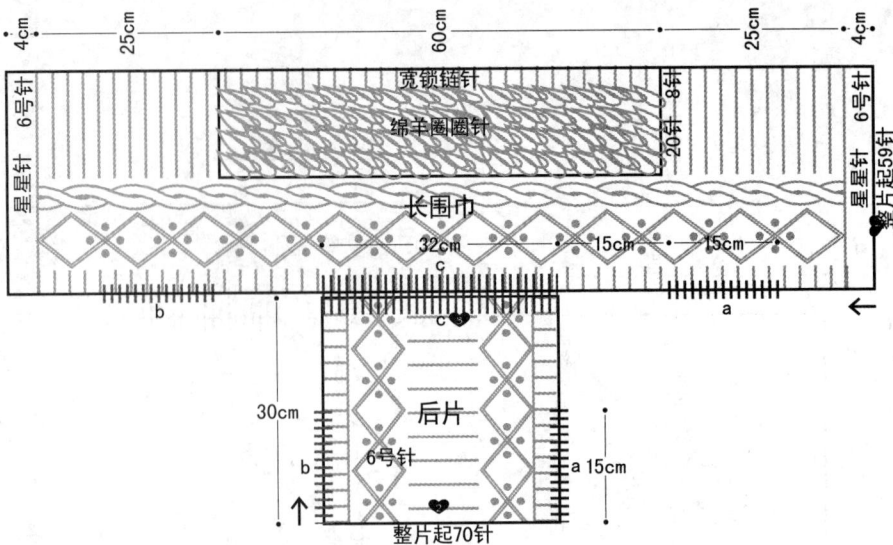

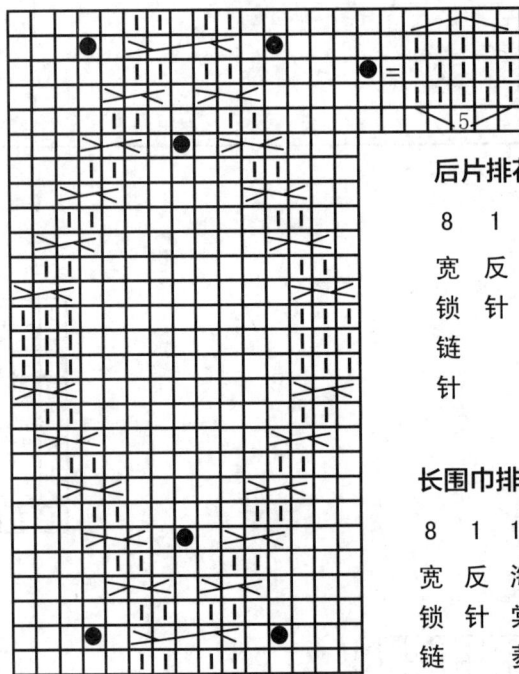

编织简述：

按花纹织一条长围巾，同时织一个长方形片为后背，将后背与长围巾按相同字母缝合形成披肩。

编织步骤：

❤ 用6号针起59针往返织4cm星星针后，按长围巾排花往返向上织25cm，取右侧的28针中的20针改织绵羊圈圈针，边沿的8针依然织宽锁链针，织60cm后，再按排花向上织，总长至114cm时改织4cm星星针收针形成长围巾，并保持两头对称。

❤ 另线起70针按后片排花往返织30cm后收针，并与长围巾侧边正中的32cm处缝合。

❤ 按相同字母缝合两肋后形成披肩。

海棠菱形针

后片排花：

8	1	15	1	20	1	15	1	8
宽锁链针	反针	海棠菱形针	反针	宽锁链针	反针	海棠菱形针	反针	宽锁链针

长围巾排花：

8	1	15	1	6	28
宽锁链针	反针	海棠菱形针	反针	麻花针	宽锁链针

12

温馨Tips：

缝合各处时注意手法松紧适度，以保持服装整齐舒展。

材 料：
278规格纯毛粗线

用 量：
400g

工 具：
6号针

尺寸（cm）：
以实物为准

平均密度：
$10cm^2$=19针×25行

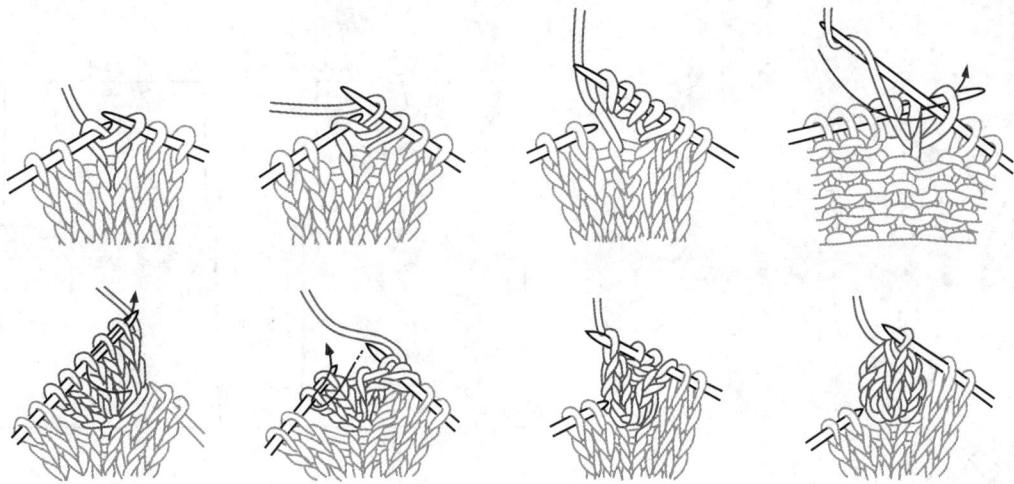

小球织法

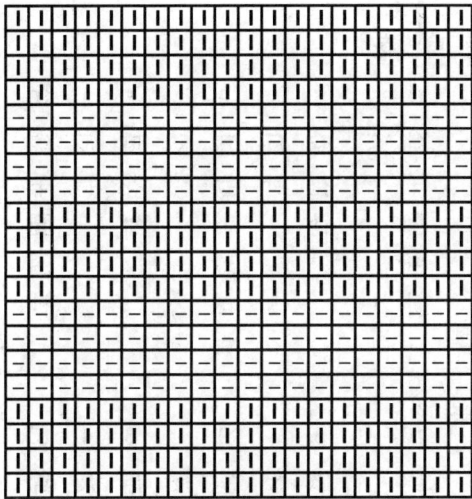

20宽锁链针

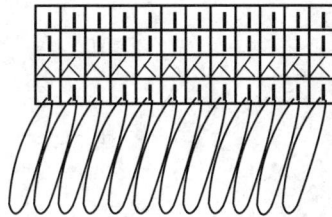

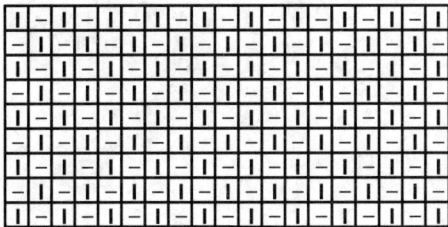

星星针

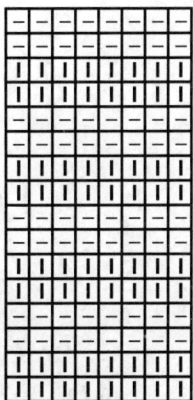

8宽锁链针

麻花针

4行
3行
2行
1行

绵羊圈圈针

第一行：右食指绕双线织正针，然后把线套绕到正面，按此方法织第2针。
第二行：由于是双线所以2针并1针织正针。
第三、四行：织正针，并拉紧线套。
第五行以后重复第一到第四行。

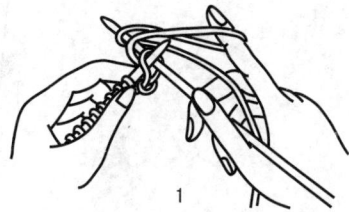

1

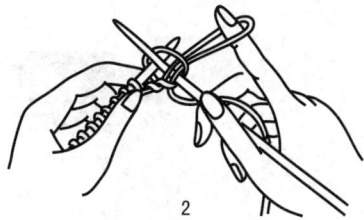

2

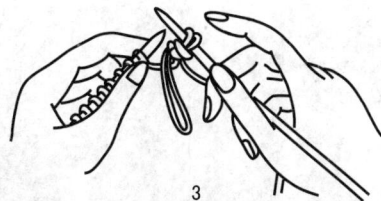

3

绵羊圈圈针

编织简述：

从下摆起针后环形向上织，并在两肋减针形成收腰效果；减袖窿和领口重叠挑针同时进行，前后肩头缝合后，左右领片不缝，依然按花纹向上直织，至后脖正中时对头缝合形成领子；袖口起针后按排花环形向上织，同时在袖腋处规律加针至腋下，减袖山后余针平收，与正身整齐缝合。

编织步骤：

❤ 用6号针起134针按正身排花环形向上织，在两肋处隔3行前后片各减1针，每次减2针，共减6次，整圈共减24针。

❤ 总长至28cm时减袖窿，①平收腋正中4针，②隔1行减1针减2次。

❤ 距后脖18cm时，取前片正中的9针宽锁链球球针重叠挑针，同时分左右片向上织。前后肩头各取11针缝合后，17针领边不缝，依然按花纹向上直织，至后脖正中时对头缝合形成领子。

❤ 袖口用6号针起32针按袖子排花环形向上织，同时在袖腋处隔15行加1次针，每次加2针，共加7次，总长至24cm时，再改织20cm星星针并减袖山，①平收腋正中6针，②隔1行减1针减13次，余针平收，与正身整齐缝合。

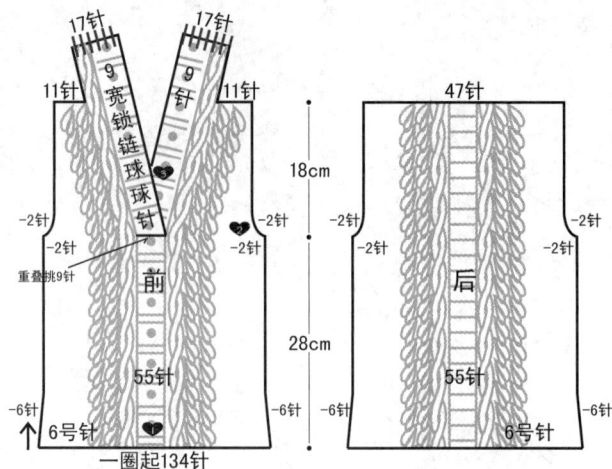

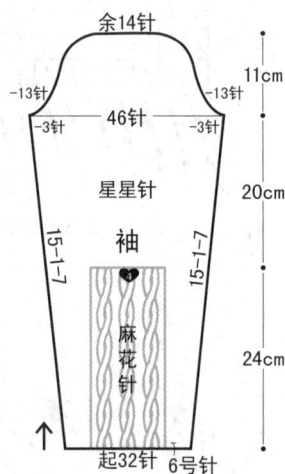

温馨TiPS：

注意后片正中是宽条纹针，没有球球。

正身排花：

10	1	6	1	9	1	6	1	10	
绵羊圈圈针	反针	麻花针	反针	宽锁链球球针	反针	麻花针	反针	绵羊圈圈针	22星星针
10	1	6	1	9	1	6	1	10	
绵羊圈圈针	反针	麻花针	反针	宽锁链球球针	反针	麻花针	反针	绵羊圈圈针	22星星针

13

材　　料：
273规格纯毛粗线

用　　量：
500g

工　　具：
6号针

尺寸（cm）：
以实物为准

平均密度：
10cm²=19针×25行

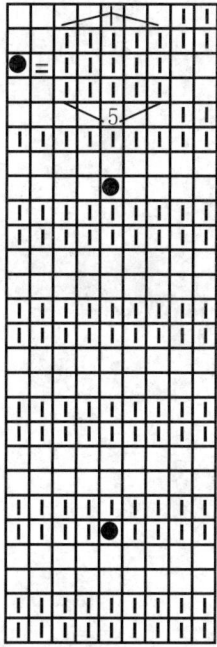

宽锁链球球针

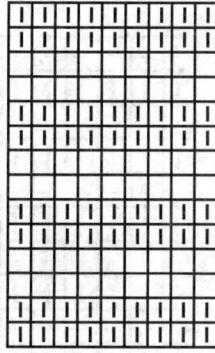

宽锁链针

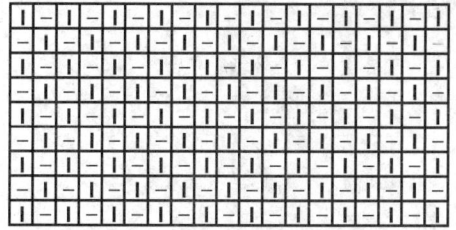

星星针

袖子排花:

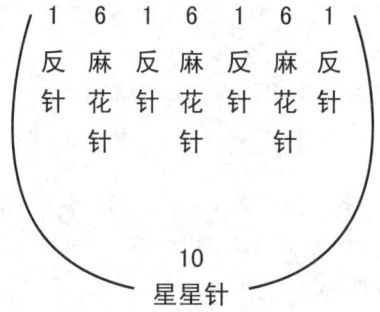

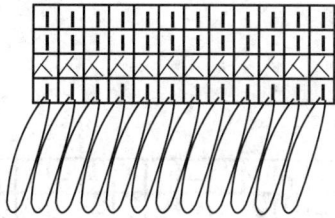

绵羊圈圈针

第一行: 右食指绕双线织正针, 然后把线套绕到正面, 按此方法织第2针。
第二行: 由于是双线所以2针并1针织正针。
第三、四行: 织正针, 并拉紧线套。
第五行以后重复第一到第四行。

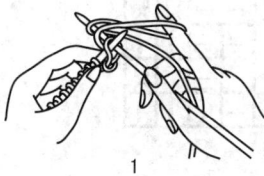
1

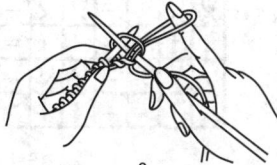
2

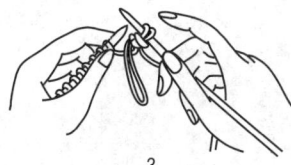
3

绵羊圈圈针

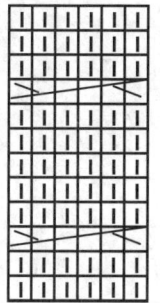

麻花针

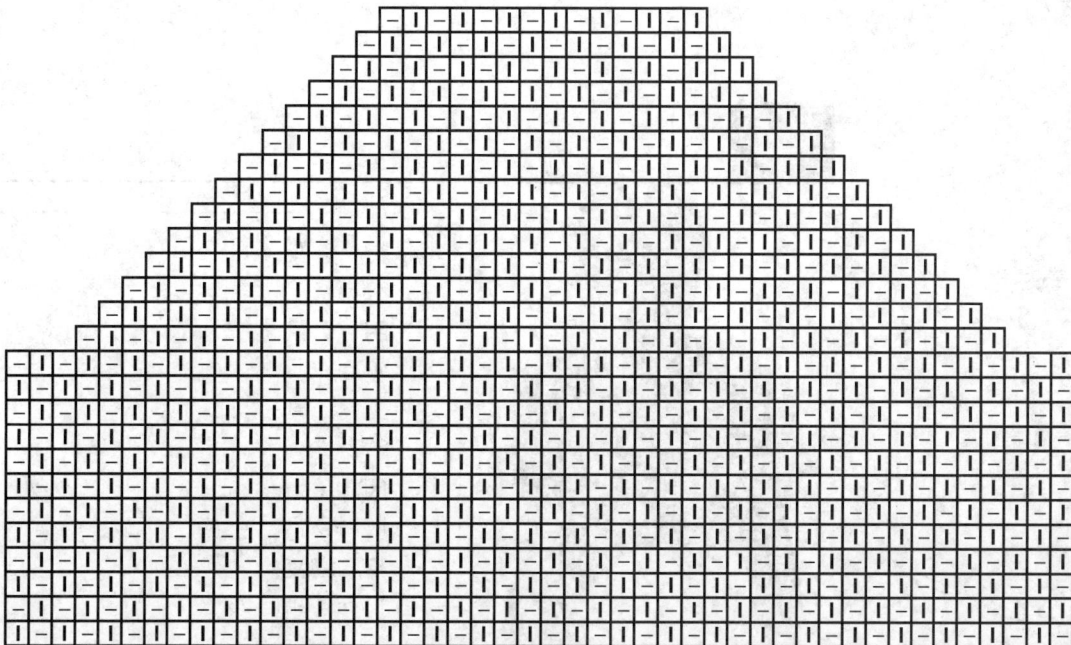

袖山减针方法

编织简述：

从右袖向左袖横织，先环形织袖子，统一加针后改织绵羊圈圈针，环形织相应长后改织片形成后背，最后依然环形织绵羊圈圈针，统一减针后，环形织扭针双罗纹完成左袖。

编织步骤：

♥ 用6号针起40针环形织31cm扭针双罗纹。

♥ 一次性加至70针环形织16cm绵羊圈圈针后，改织片，并在边沿各取10针织锁链针。

♥ 分片织45cm后，改环形织16cm绵羊圈圈针后，再减至40针环形织31cm扭针双罗纹收机械边。

温馨TiPs：

在完成一组绵羊圈圈针后，要有意将线套拉紧，以免下一行脱线。

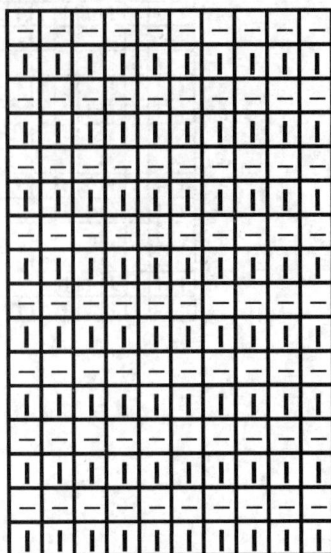

锁链针

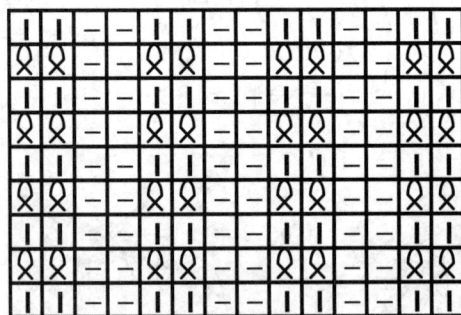

扭针双罗纹

14

材　　料：
286规格纯毛粗线

用　　量：
400g

工　　具：
6号针

尺寸（cm）：
以实物为准

平均密度：
10cm²=19针×25行

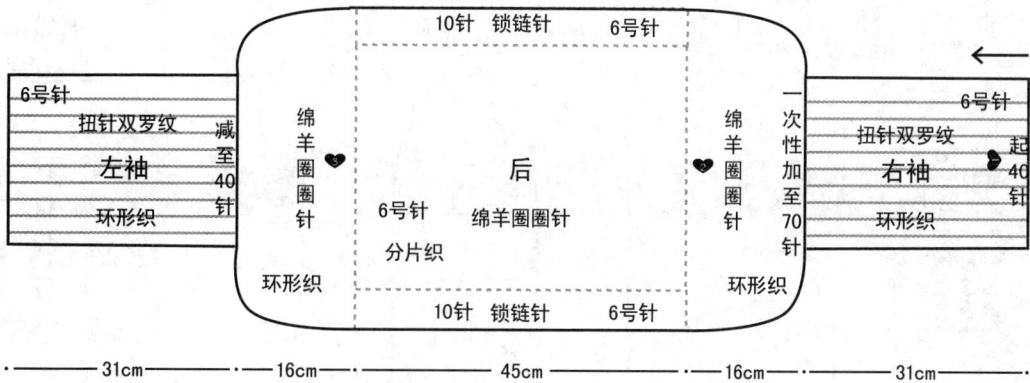

10针　锁链针　　6号针				

6号针

扭针双罗纹

左袖

减至40针

环形织

绵羊圈圈针

6号针 绵羊圈圈针 分片织

一次性加至70针

绵羊圈圈针

6号针

扭针双罗纹

右袖

起40针

环形织

后

10针　锁链针　　6号针

环形织

环形织

·—31cm—·—16cm—·————45cm————·—16cm—·—31cm—·

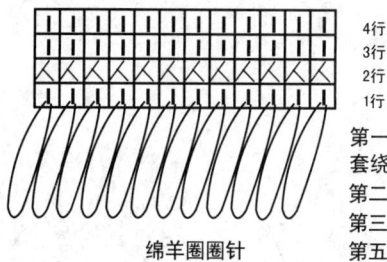

4行
3行
2行
1行

绵羊圈圈针

第一行：右食指绕双线织正针，然后把线套绕到正面，按此方法织第2针。
第二行：由于是双线所以2针并1针织正针。
第三、四行：织正针，并拉紧线套。
第五行以后重复第一到第四行。

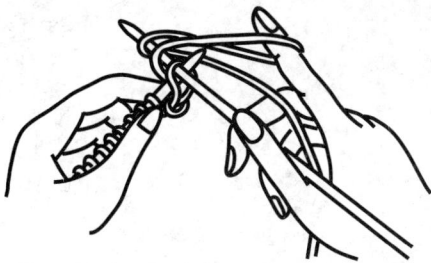

1

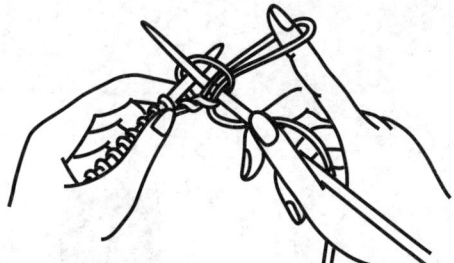

2

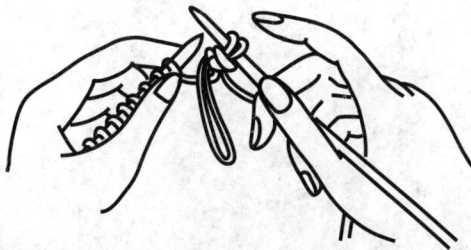

3

绵羊圈圈针

编织简述：

织一条长围巾和一个长方形后背片，然后按图缝合后从开口处环形挑针向下织袖子。

编织步骤：

❤ 用6号针起60针按正身排花往返织140cm后收针形成长围巾。

❤ 另线起65针往返织25cm阿尔巴尼亚针罗纹后形成后背片。

❤ 按图将长围巾与后背片缝合，形成的开口是袖窿口，从此处环形挑出40针织40cm扭针单罗纹后收机械边。

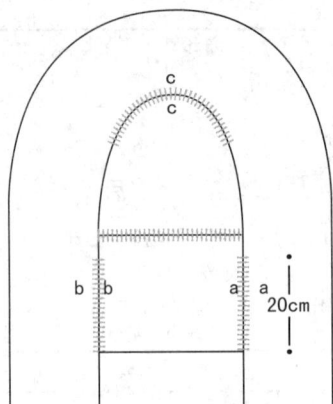

正身排花：

15	15	15	15
绵	锁	绵	锁
羊	链	羊	链
圈	球	圈	球
圈	球	圈	球
针	针	针	针

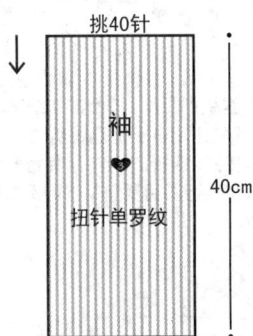

挑40针

袖 ❤

40cm

扭针单罗纹

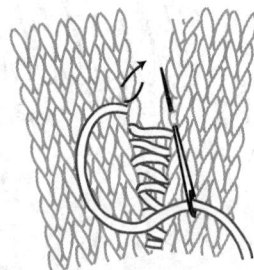

竖缝合方法

15

材 料：
278规格纯毛粗线

用 量：
550g

工 具：
6号针

尺寸（cm）：
以实物为准

平均密度：
10cm²=21针×24行

温馨Tips:
后背片按图与长围巾平行缝合。

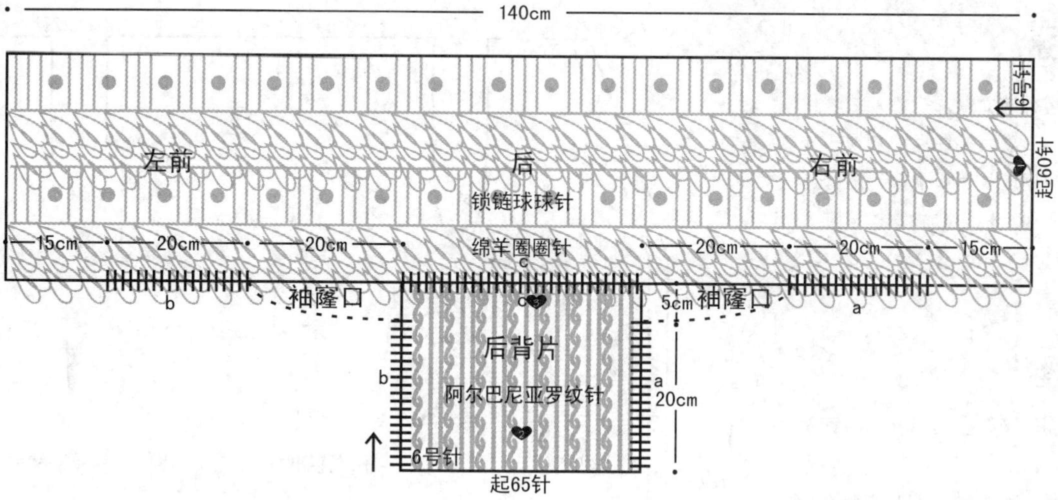

140cm

左前　　　　　　　　后　　　　　　　　右前

锁链球球针

15cm　20cm　20cm　绵羊圈圈针　20cm　20cm　15cm

袖窿口　　　　　　　　　　　5cm 袖窿口

后背片

阿尔巴尼亚罗纹针

b　　　　　　　　a　20cm

6号针

起65针

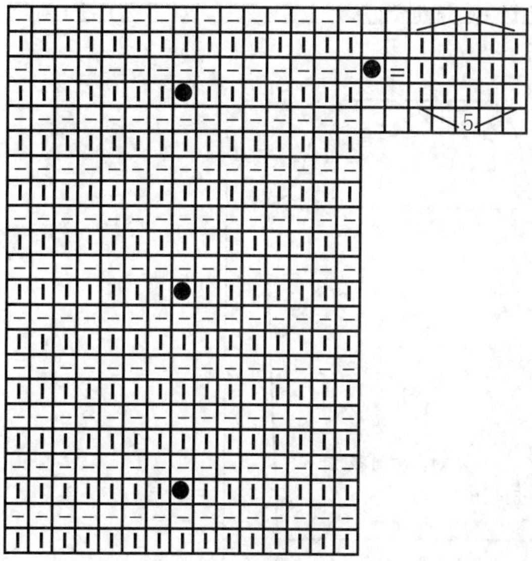

锁链球球针

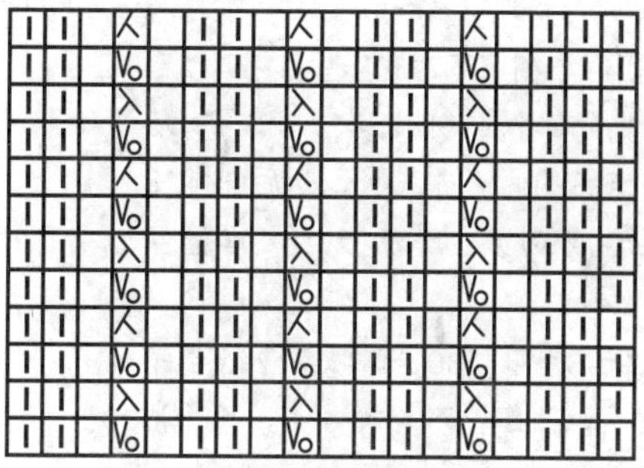

阿尔巴尼亚罗纹针

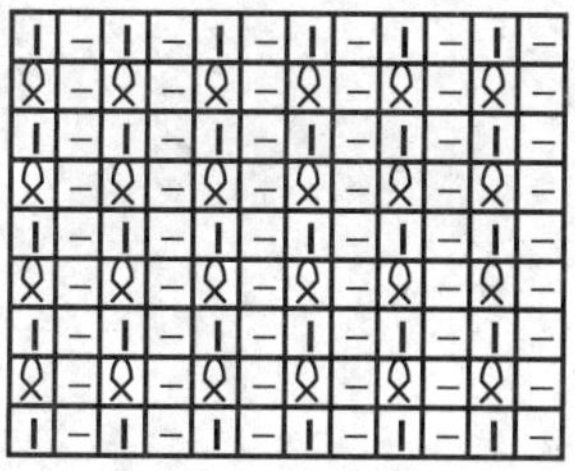

扭针单罗纹

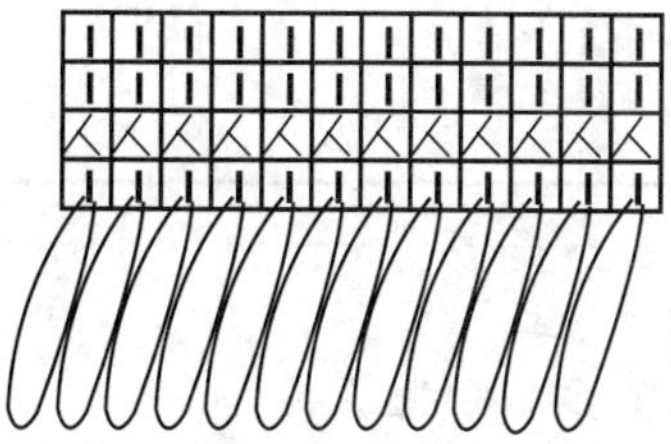

4行
3行
2行
1行

绵羊圈圈针

第一行：右食指绕双线织正针，然后把线
套绕到正面，按此方法织第2针。
第二行：由于是双线所以2针并1针织正针。
第三、四行：织正针，并拉紧线套。
第五行以后重复第一到第四行。

1　　　　　　2　　　　　　3

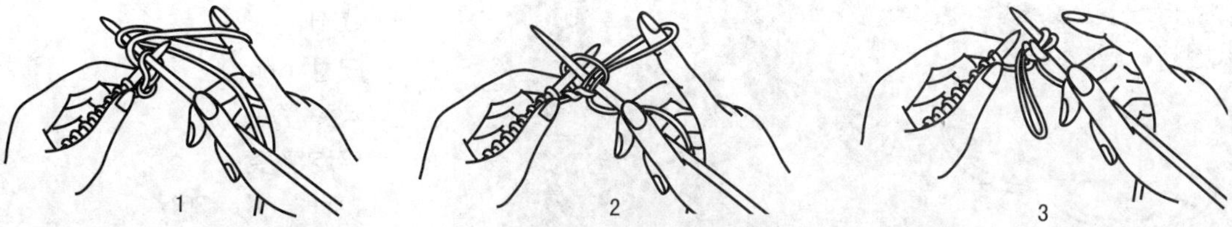

绵羊圈圈针

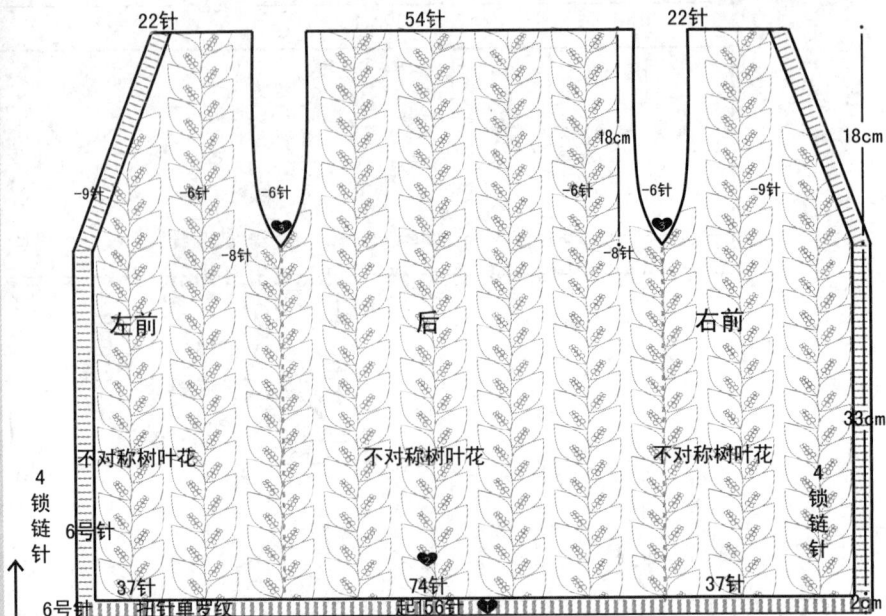

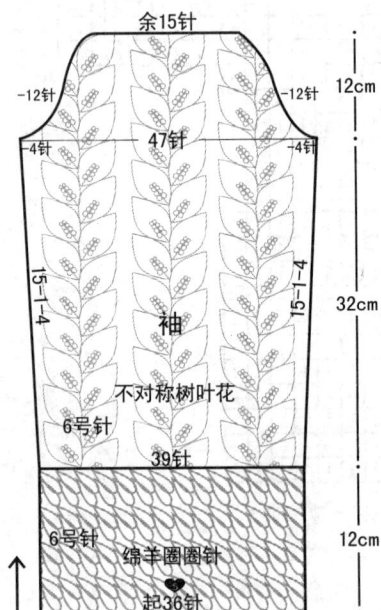

❖编织简述：

从下摆起针向上整片织，减袖窿和减领口同时进行，领后挑往返织翻领；袖口起针后环形织相应长后按规律在加针点左右加针，每次加2针，共加4次，至腋下时减袖山，与正身整齐缝合。

❖编织步骤：

❤ 用8号针起156针往返织2cm扭针单罗纹，织片。

❤ 改6号针中间148针织不对称树叶花，左右各4针织锁链针。

❤ 总长至35cm时减袖窿，①平收腋正中8针，②隔1行减1针减6次。

❤ 减领口与袖窿同时进行，①在4锁链针的内侧隔5行减1针减9次。用6号针从领口锁链针的两侧挑36针，从后脖挑18针，共合成90针往反织12cm绵羊圈圈针，紧收平边。

❤ 袖口用6号针起36针环形织12cm绵羊圈圈针后，改织不对称树叶花，并在袖腋处隔15行加1次针，共加4次，总长至44cm后减袖山，①平收腋正中8针，②隔1行减1次针减12次，余针平收，与正身整齐缝合。

温馨TiPS：

挑领边时，要在4锁链针的外侧挑针；注意绵羊圈圈针在内，不要织反。

16

材料：
278规格纯毛粗线

用量：
500g

工具：
6号针

尺寸（cm）：
以实物为准

平均密度：
10cm²=14针×26行

不对称树叶花

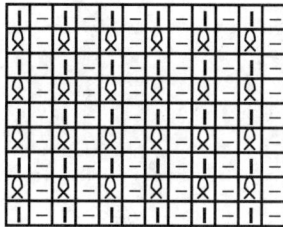

扭针单罗纹

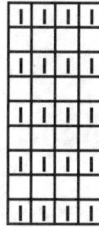

锁链针

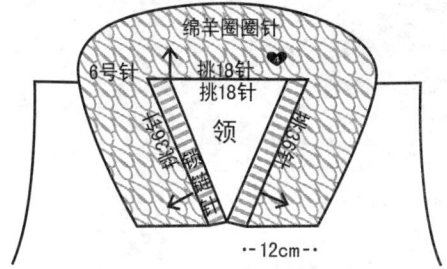

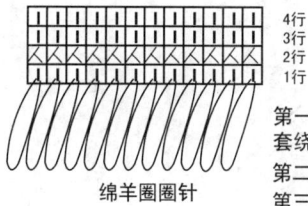

绵羊圈圈针

第一行: 右食指绕双线织正针, 然后把线套绕到正面, 按此方法织第2针。

第二行: 由于是双线所以2针并1针织正针。

第三、四行: 织正针, 并拉紧线套。

第五行以后重复第一到第四行。

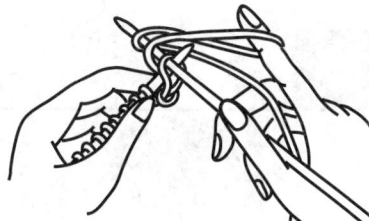

1

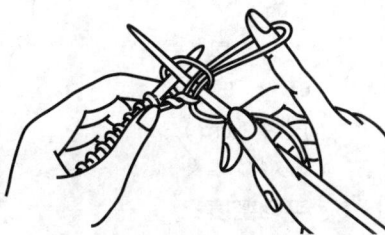

2

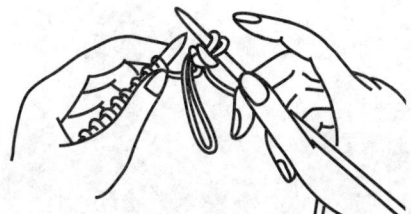

3

绵羊圈圈针

编织简述：

从下摆起针后按花纹环形向上直织，先减袖隆后减领口，前后肩头缝合后，从领口处挑针织领子；袖子起针后按花纹环形向上织，减腋下后平收余针，与正身整齐缝合。

编织步骤：

♥ 用6号针起120针环形织35cm不对称树叶花。

♥ 不换针改织正针，同时减袖隆，①平收腋正中6针，②隔1行减1针减3次。

♥ 距后脖12cm时减领口，①平收领正中28针，②余针向上直织。前后肩头缝合后，从领口处挑出120针用9号针环形织4cm扭针单罗纹后收机械边形成方领。

♥ 袖口用9号针起36针环形织2cm扭针单罗纹后改织绵羊圈圈针，同时在袖腋处隔17行加1次针，每次加2针，共加4次，总长至42cm时减袖山，①平收腋正中6针，②隔1行减1针减13次，余针平收，与正身整齐缝合。

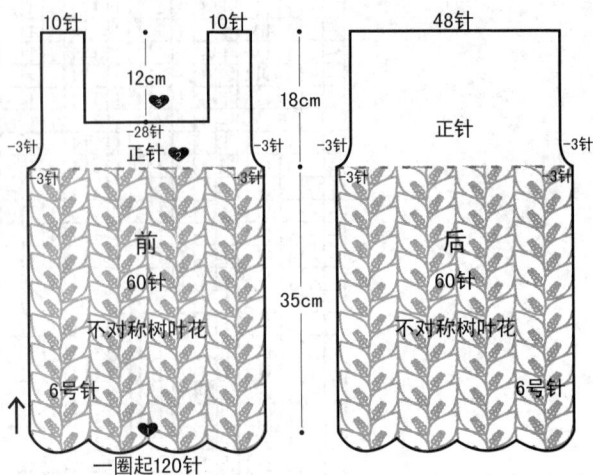

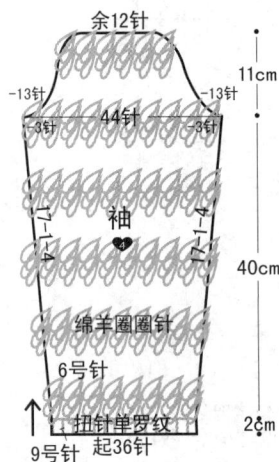

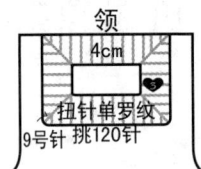

温馨Tips：
绵羊圈圈针的长度在4cm左右，每个圈圈之间隔2针，织2组圈圈之后，平织8行正针，如此重复。

前

10针　10针　　48针

12cm　18cm

-28针

正针　　正针

-3针　　-3针　-3针　　-3针

-3针　　-3针

前
60针

后
60针

不对称树叶花　　不对称树叶花

35cm

6号针　　6号针

一圈起120针

袖

余12针

11cm

-13针　　　-13针

-3针　44针　-3针

17-1-4　　17-1-4

袖

40cm

绵羊圈圈针

6号针

扭针单罗纹
起36针

9号针　　2cm

领

4cm

扭针单罗纹

9号针　挑120针

17

材　　料：
275规格纯毛粗线

用　　量：
500g

工　　具：
6号针　9号针

尺寸（cm）：
以实物为准

平均密度：
10cm² = 19针×24行

不对称树叶花

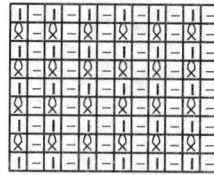

扭针单罗纹

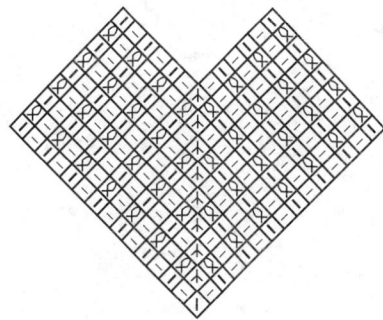

扭针单罗纹方领领角织法

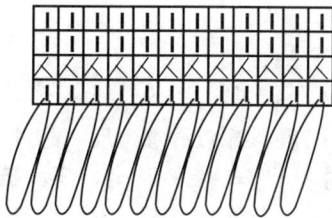

绵羊圈圈针

4行
3行
2行
1行

第一行: 右食指绕双线织正针, 然后把线套绕到正面, 按此方法织第2针。

第二行: 由于是双线所以2针并1针织正针。

第三、四行: 织正针, 并拉紧线套。

第五行以后重复第一到第四行。

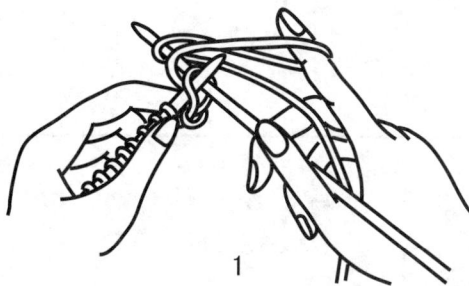

1

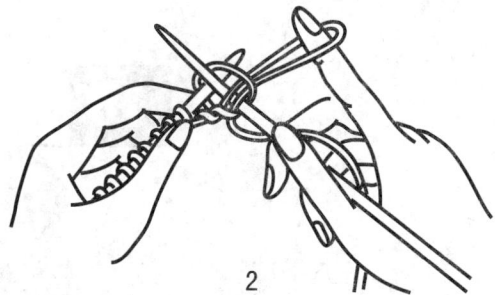

2

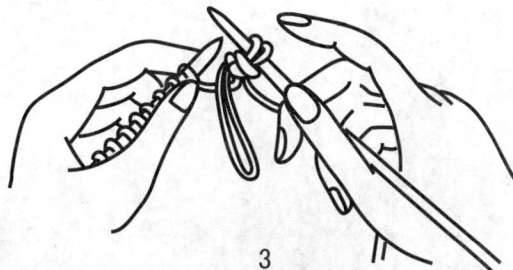

3

绵羊圈圈针

按排花织一个长方形，然后按相同字母缝合，形成的开口是袖窿口，从此处挑针后向下织袖子。

编织步骤：

❤ 用6号针起100针往返织8cm扭针单罗纹球球针。

❤ 不加减针按排花织34cm后，再织8cm扭针单罗纹球球针后收机械边。

❤ 按相同字母缝合两边各10cm，形成的开口为袖窿口，从此挑出39针环形织44cm不对称树叶花后收机械边。

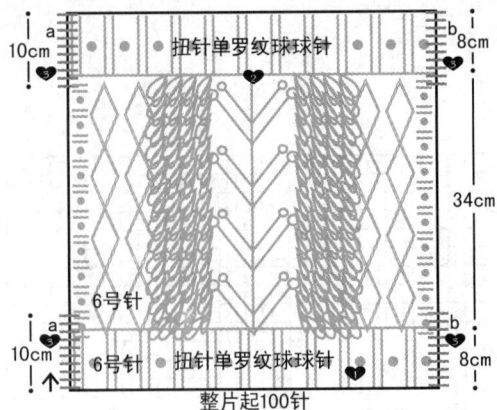

10cm / a / b / 8cm
扭针单罗纹球球针
34cm
6号针
10cm / a / b / 8cm
6号针 / 扭针单罗纹球球针
整片起100针

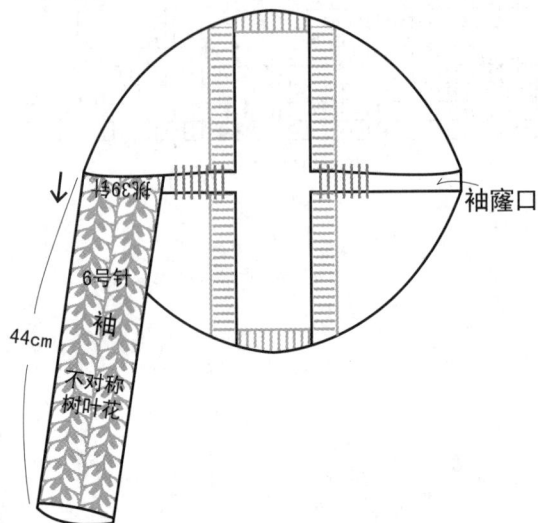

挑39针
6号针
袖窿口
44cm
袖
不对称树叶花

正身排花：

7	8	2	8	2	8	2	26	2	8	2	8	2	8	7
锁链球球针	菱形针	反针	菱形针	反针	绵羊圈圈针	反针	小树结果针	反针	绵羊圈圈针	反针	菱形针	反针	菱形针	锁链球球针

18

温馨Tips：
注意用机械边起针方法起针织底边。

材　料：
273规格纯毛粗线

用　量：
450g

工　具：
6号针

尺寸（cm）：
以实物为准

平均密度：
10cm²=19针×24行

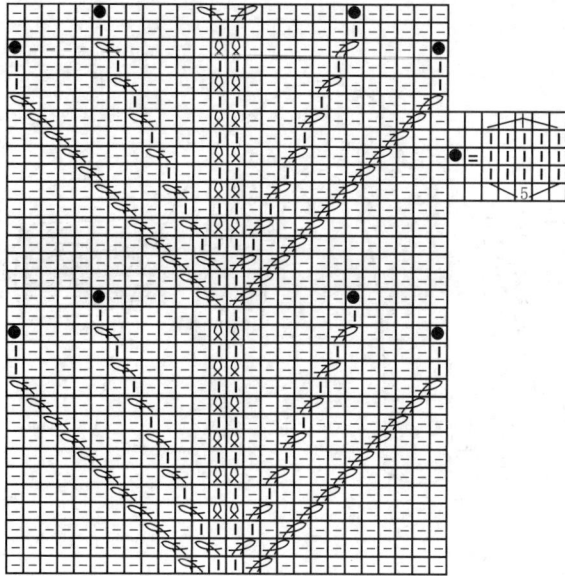
小树结果针

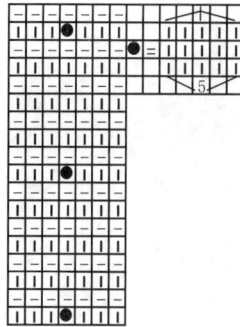
锁链球球针

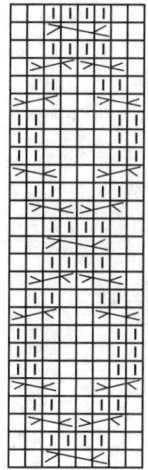
菱形针

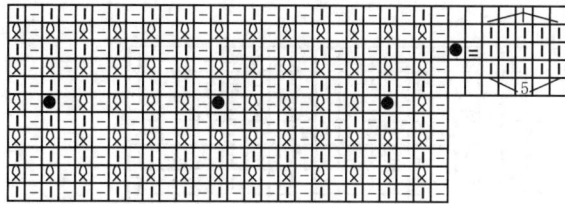
扭针单罗纹球球针

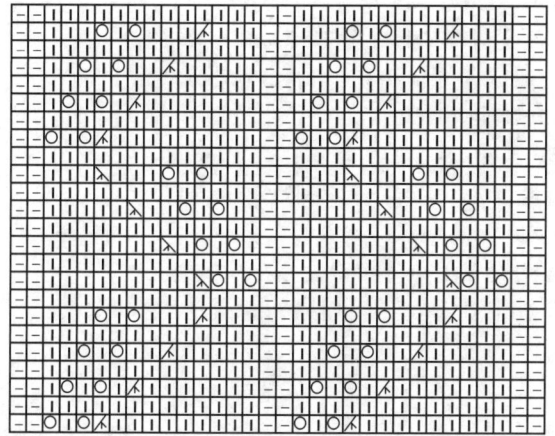
不对称树叶花

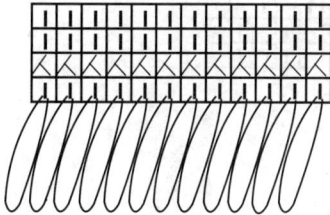
4行
3行
2行
1行

绵羊圈圈针

第一行：右食指绕双线织正针，然后把线套绕到正面，按此方法织第2针。
第二行：由于是双线所以2针并1针织正针。
第三、四行：织正针，并拉紧线套。
第五行以后重复第一到第四行。

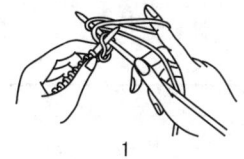
1

2

3

绵羊圈圈针

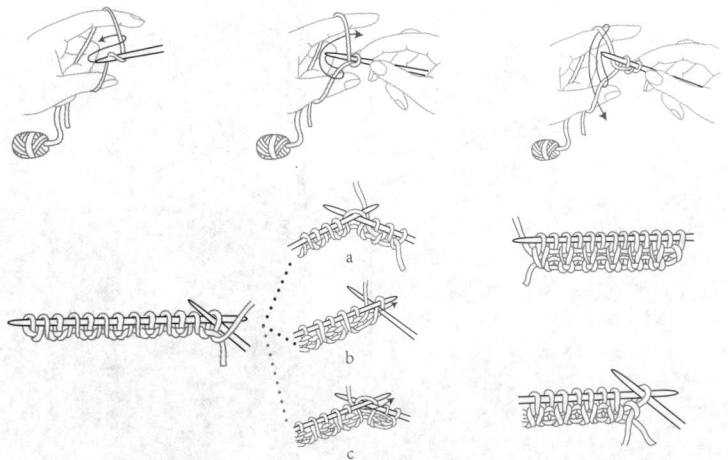
机械边起针方法

按要求织两条围巾，对头缝合后形成长围巾，在长围巾的中段挑针向下往返织后片，同时按要求加针，相应长后收针并将后片与长围巾的侧面缝合，最后从袖窿口挑织短袖。

编织步骤:

♥ 用6号针起36针，往返织2cm扭针单罗纹后，改织25cm绵羊圈圈针，然后再织10cm扭针单罗纹后，再改织36cm绵羊圈圈针形成围巾，共织两个相同大小的围巾对头缝合后形成长围巾。

♥ 从长围巾的中段30cm位置挑出60针，用6号针往返织桂花针，同时在60针的起始针处作为加针点，隔3行在加针点的外侧加1针，共加28次，整片由60针变为116针时收机械边。

♥ 将长围巾下端留出17cm，取17cm以上位置按相同字母与后片斜边缝合，未缝的部分形成袖窿口。

♥ 用8号针从袖窿口挑出68针，环形织18cm扭针单罗纹后收机械边形成短袖。

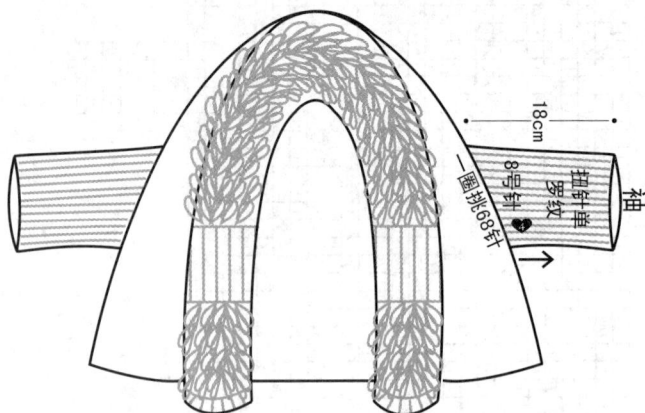

桂花针

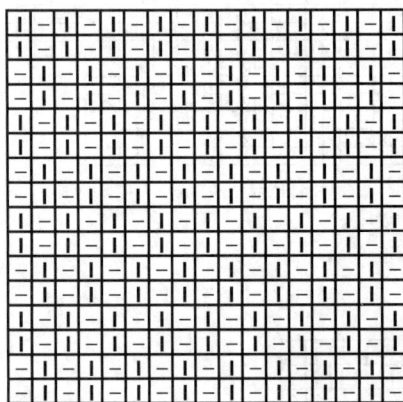

温馨Tips:
长围巾与后背片缝合时注意，应先留出下端的17cm后，再向上整齐缝合。

19

材　　料:
278规格纯毛粗线

用　　量:
500g

工　　具:
6号针　8号针

尺寸（cm）:
以实物为准

平均密度:
10cm²=19针×25行

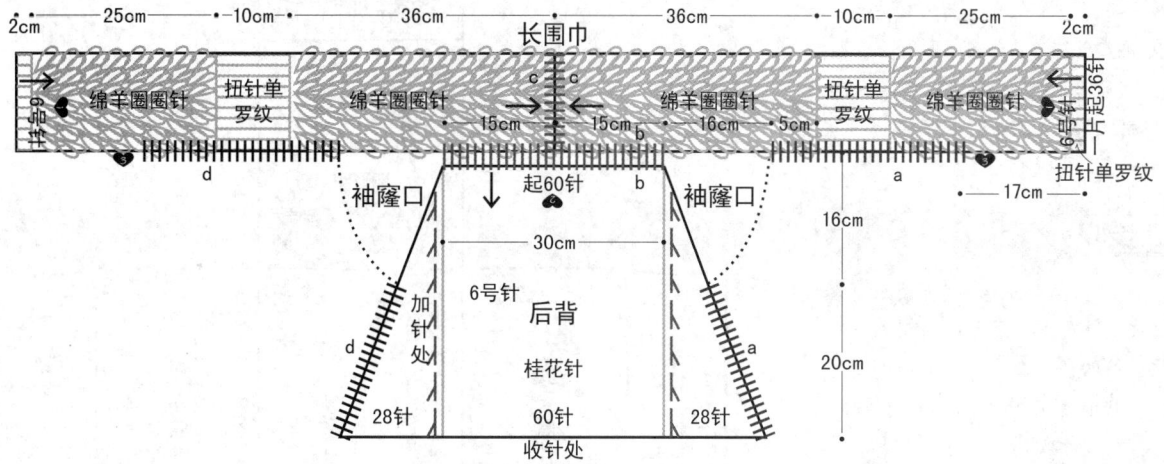

长围巾

2cm 25cm 10cm 36cm 36cm 10cm 25cm 2cm

绵羊圈圈针　扭针单罗纹　绵羊圈圈针　绵羊圈圈针　扭针单罗纹　绵羊圈圈针

c c
15cm 15cm 16cm 5cm
起60针 b
袖窿口 袖窿口
d a 17cm

16cm

30cm

6号针
后背

加针处 d 桂花针 a

28针 60针 28针

收针处

20cm

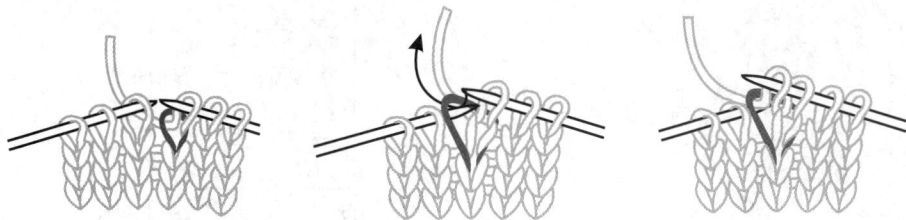

加针方法

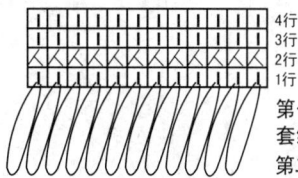

绵羊圈圈针

第一行：右食指绕双线织正针，然后把线套绕到正面，按此方法织第2针。
第二行：由于是双线所以2针并1针织正针。
第三、四行：织正针，并拉紧线套。
第五行以后重复第一到第四行。

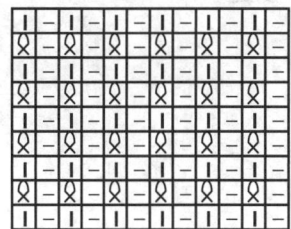

扭针单罗纹

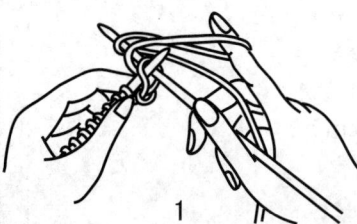

1

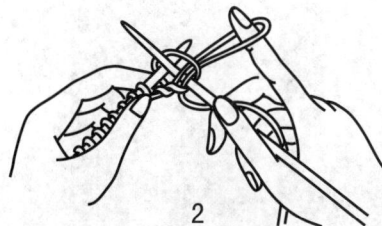

2

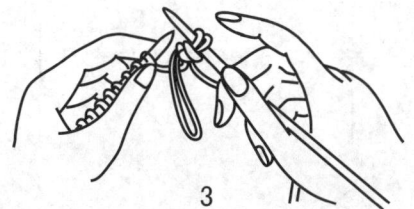

3

绵羊圈圈针

编织简述：

从左袖口起针，环形部分为袖子，前后胸织片；自下沿挑针后环形织正身，自领口处挑针织领子。

编织步骤：

❤ 用6号针起52针从左袖环形织8cm绵羊圈圈针后，按袖子排花不加减织34cm。

❤ 将52针改织片，至14cm处从正中均分两片各织14cm后，合成大片再织14cm，最后合圈织，两袖对称。

❤ 自下沿挑出150针环形织25cm绵羊圈圈针后，改织15cm扭针双罗纹，松收机械边。

❤ 自上开口处环形挑出80针织20cm绵羊圈圈针后，松收机械边，形成领子。

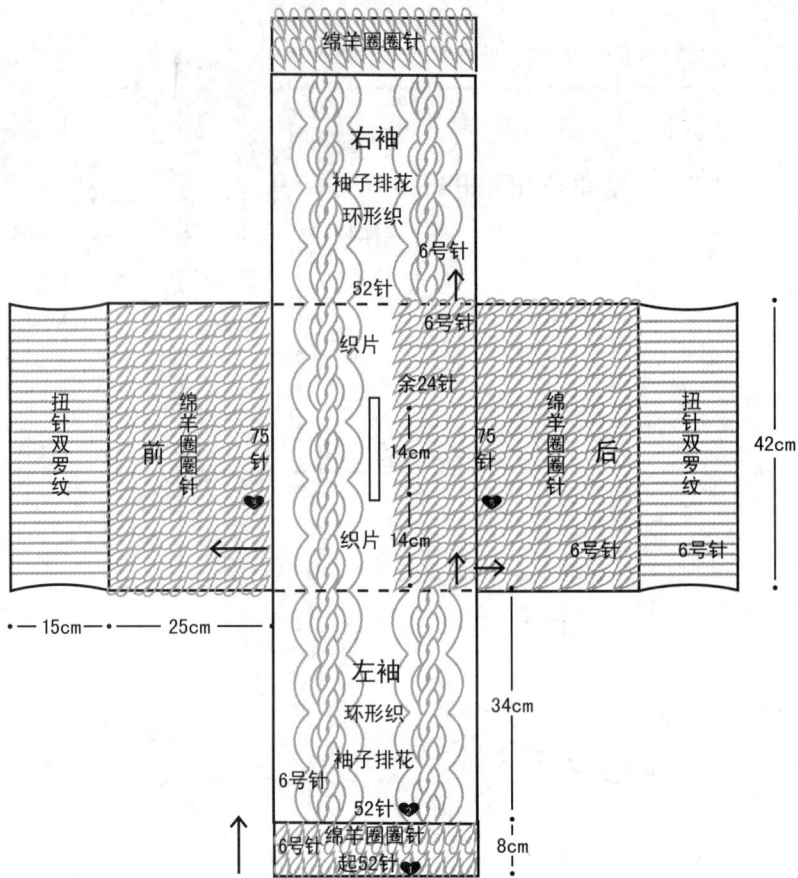

绵羊圈圈针

右袖
袖子排花
环形织
6号针↑
52针
6号针↑
余24针
织片
14cm
75针
前
绵羊圈圈针
织片
14cm

扭针双罗纹
绵羊圈圈针
75针
后
绵羊圈圈针
扭针双罗纹
6号针
6号针
42cm

←
←15cm→←25cm→

左袖
环形织
袖子排花
6号针
52针
6号针 绵羊圈圈针
起52针
34cm
8cm

6号针↑
绵羊圈圈针
领❤
挑80针
20cm

袖子排花：

3	2	20	2	20	2	3
正针	反针	如意花	反针	如意花	反针	正针

20

材料：
286规格纯毛粗线

用量：
525g

工具：
6号针

尺寸（cm）：
以实物为准

平均密度：
10cm²=20针×24行

温馨TiPs：

绵羊圈圈针长度4cm左右，做圈的行数依不同风格服装而定。

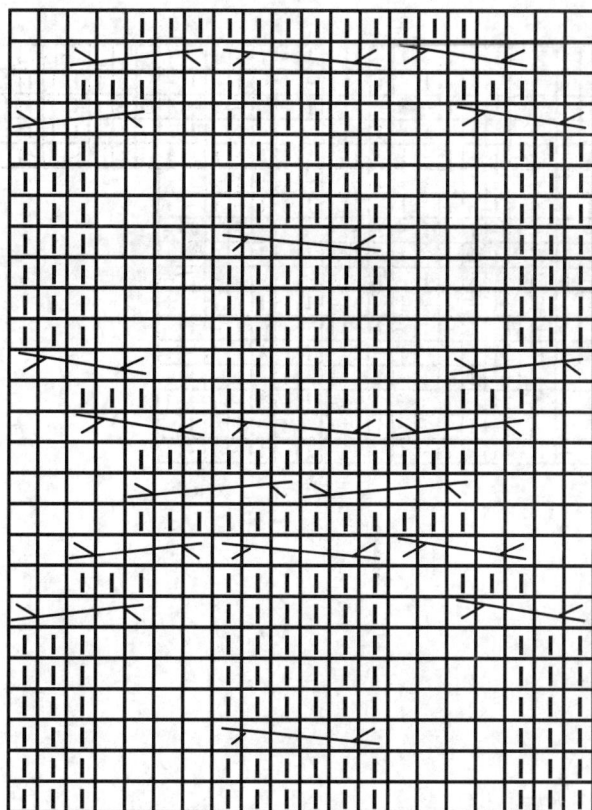

如意花

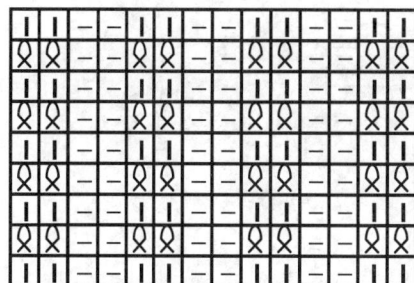

扭针双罗纹

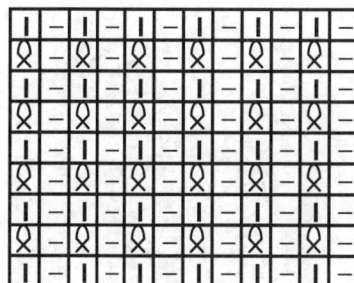

扭针单罗纹

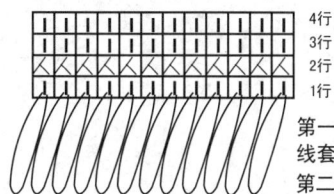

4行
3行
2行
1行

绵羊圈圈针

第一行：右食指绕双线织正针，然后把
线套绕到正面，按此方法织第2针。
第二行：由于是双线所以2针并1针织正针。
第三、四行：织正针，并拉紧线套。
第五行以后重复第一到第四行。

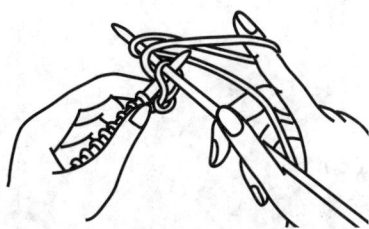

1

2

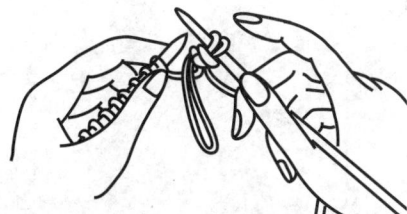

3

绵羊圈圈针

首先织一条长围巾,然后另线起针织两袖和后背,与之前织的长围巾按要求缝合形成披肩。

编织步骤:

❤ 用6号针起36针往返织星星球球针和绵羊圈圈针。

❤ 总长至150cm时收针形成长围巾,保持两头对称。

❤ 另线起40针环形织31cm扭针单罗纹后,统一加至80针环形织星星针,至13cm时改往返织50cm后再合成圈织13cm,并统一减至40针织31cm扭针单罗纹后收机械边形成袖口。

❤ 将长围巾和长袖子取正中50cm位置与后背缝合形成披肩。

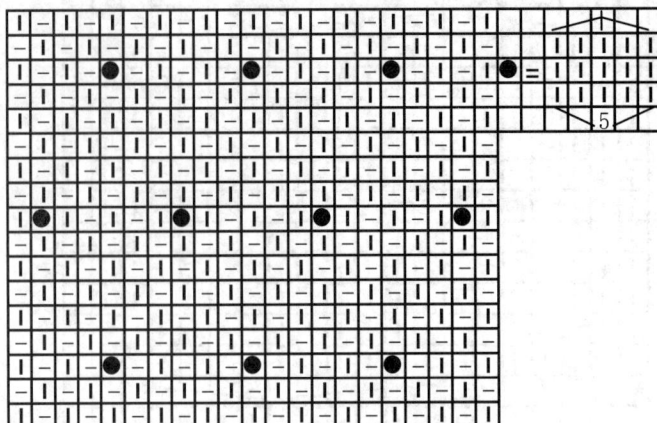

星星球球针

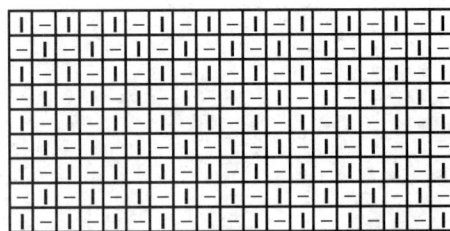

星星针

21

温馨Tips:

缝合长围巾和后片时注意整齐。

材 料:
286规格纯毛粗线

用 量:
500g

工 具:
6号针

尺寸(cm):
以实物为准

平均密度:
10cm²=18针×26行

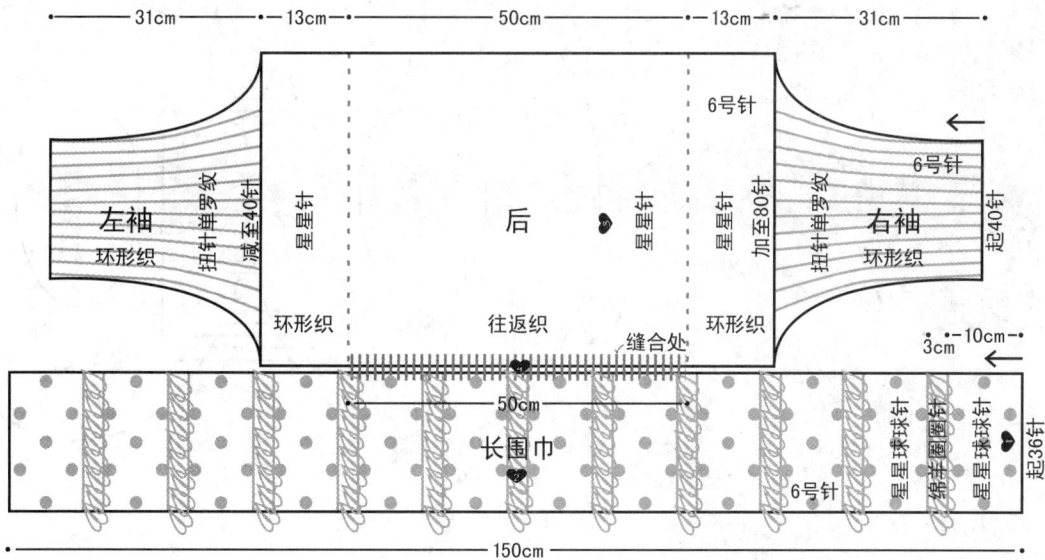

31cm — 13cm — 50cm — 13cm — 31cm

左袖
环形织
扭针单罗纹
减至40针

星星针

后

星星针

星星针

扭针单罗纹
加针80针

右袖
环形织

6号针

6号针

起40针

环形织

往返织

缝合处

环形织

3cm — 10cm

长围巾

50cm

6号针

星星球球针
绵羊圈圈针
星星球球针

起36针

150cm

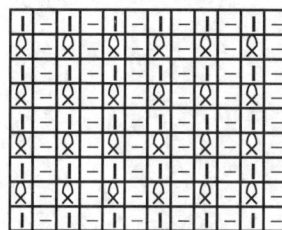

扭针单罗纹

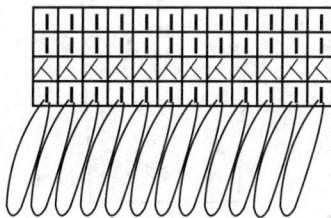

4行
3行
2行
1行

绵羊圈圈针

第一行：右食指绕双线织正针，然后把线
套绕到正面，按此方法织第2针。
第二行：由于是双线所以2针并1针织正针。
第三、四行：织正针，并拉紧线套。
第五行以后重复第一到第四行。

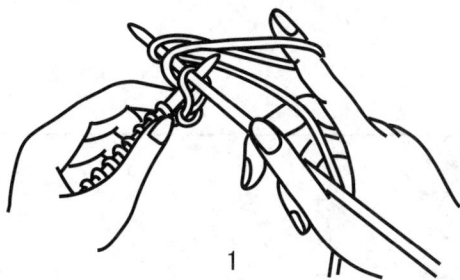

1

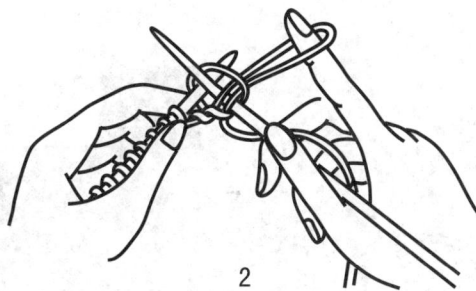

2

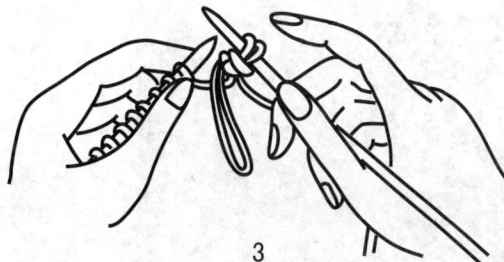

3

绵羊圈圈针

编织简述：

起针后环形织圆筒，相应长后紧收边；完成两个相同大小的圆筒后，在起针处缝合两个圆筒形成背心，另线起针织袖子，与圆袖窿口缝合。

编织步骤：

❤ 用6号针起154针环形织21cm种植园针和绵羊圈圈针。

❤ 将所有针目3针并1针紧收平边形成圆筒，织两个同样大小的圆筒。

❤ 将两个圆筒在起针处对头缝合，约35cm长，形成背心。

❹ 用6号针从袖口起36针环形织正针，并在袖腋处隔13行加1次针，共加4次，总长至44cm后减袖山，a平收腋正中4针，b隔1行减1针减12次，余针平收，与正身整齐缝合。

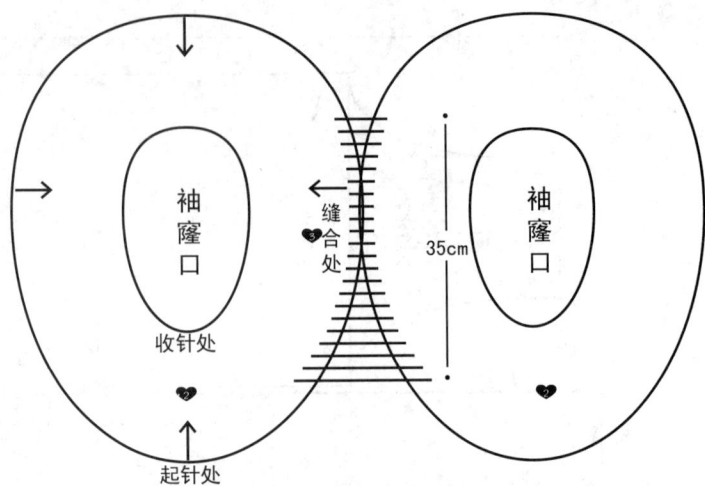

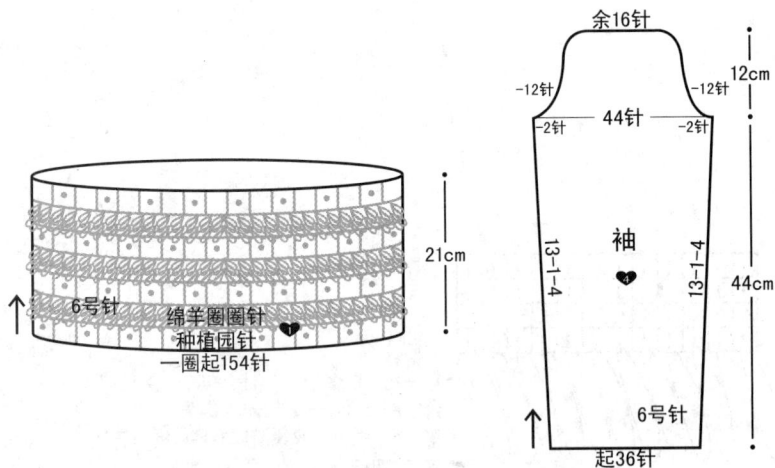

袖窿口 缝合处 ❤3 袖窿口

35cm

收针处

起针处

6号针
绵羊圈圈针
种植园针
一圈起154针
21cm

余16针
12cm
-12针 -12针
-2针 44针 -2针
13-1-4 袖 ❹ 13-1-4 44cm
6号针
起36针

22

温馨Tips：

袖与圆袖窿口缝合时注意整齐。

材　　料：
286规格纯毛粗线

用　　量：
500g

工　　具：
6号针

尺寸（cm）：
以实物为准

平均密度：
10cm² = 20针 × 24行

116

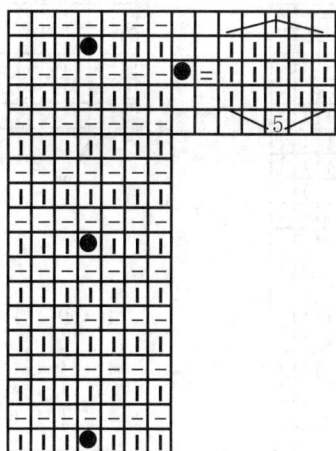

锁链球球针

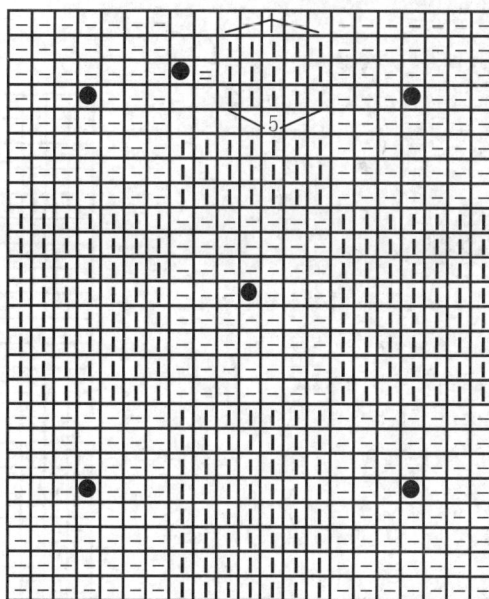

种植园针

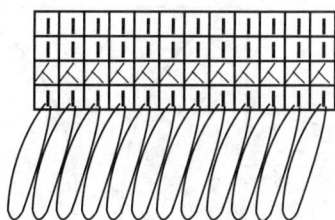

4行
3行
2行
1行

绵羊圈圈针

第一行：右食指绕双线织正针，然后把线套绕到正面，按此方法织第2针。
第二行：由于是双线所以2针并1针织正针。
第三、四行：织正针，并拉紧线套。
第五行以后重复第一到第四行。

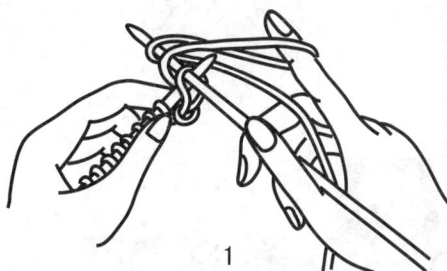

1

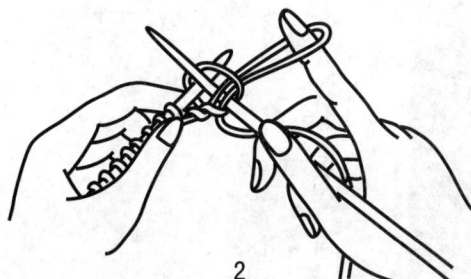

2

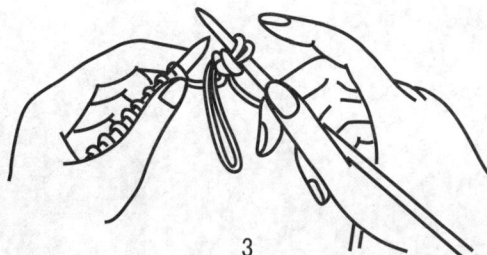

3

绵羊圈圈针

编织简述：

　　按排花往返织一条长围巾，对头缝合后形成中空的圆片，在圆片内沿挑织后背片，最后从两个袖窿口分别挑织袖子。

编织步骤：

💗 用6号针起55针按长围巾排花往返向上织150cm后对头缝合形成中空的圆片。

💗 将缝合迹安排在后腰位置，在其上端内沿的34cm位置挑出62针，用6号针按后背排花往返向上织20cm后收针，并与内沿上端缝合形成后背。

💗 后背缝合后，两侧形成袖窿口，从此处挑出48针，用6号针环形向下织扭针单罗纹，至45cm时收针形成袖子。

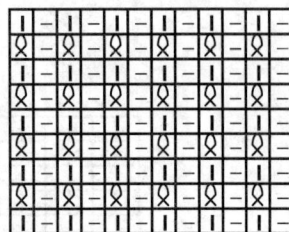

扭针单罗纹

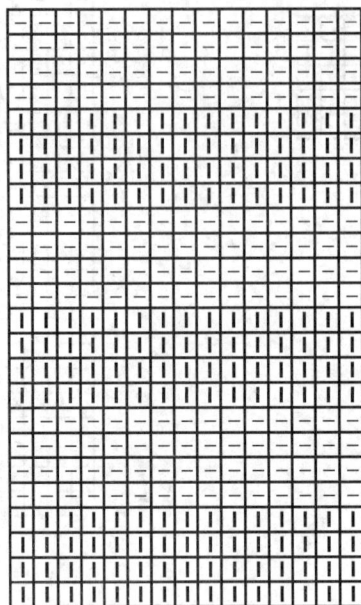

宽锁链针

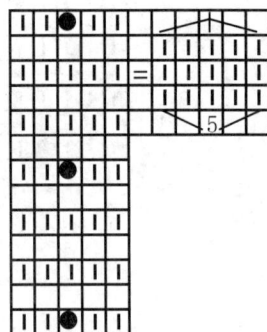

锁链球球针

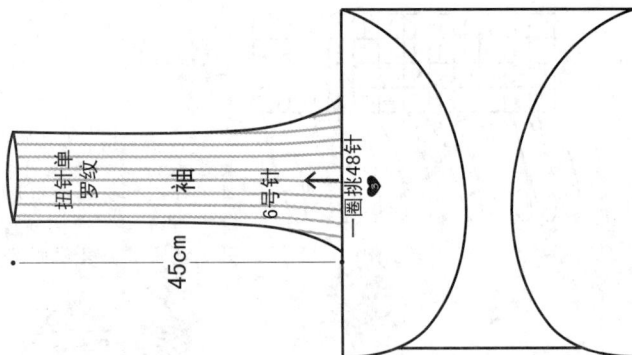

温馨TiPs：

　　挑织后背片时，注意从长围巾的缝合处上沿挑针。

23

材　料：
273规格纯毛粗线

用　量：
700g

工　具：
6号针

尺寸（cm）：
以实物为准

平均密度：
10cm² = 20针 × 25行

118

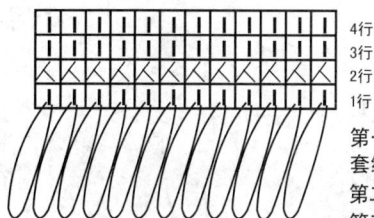

4行
3行
2行
1行

绵羊圈圈针

第一行：右食指绕双线织正针，然后把线套绕到正面，按此方法织第2针。
第二行：由于是双线所以2针并1针织正针。
第三、四行：织正针，并拉紧线套。
第五行以后重复第一到第四行。

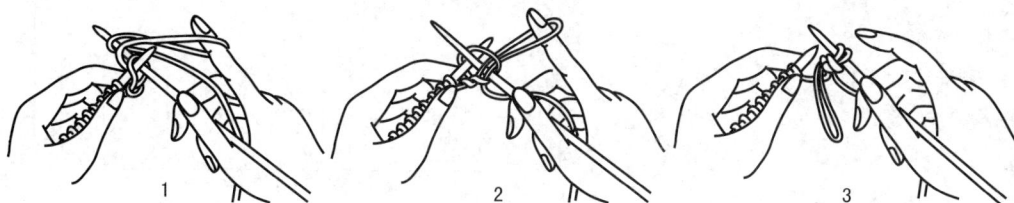

1   2   3

绵羊圈圈针

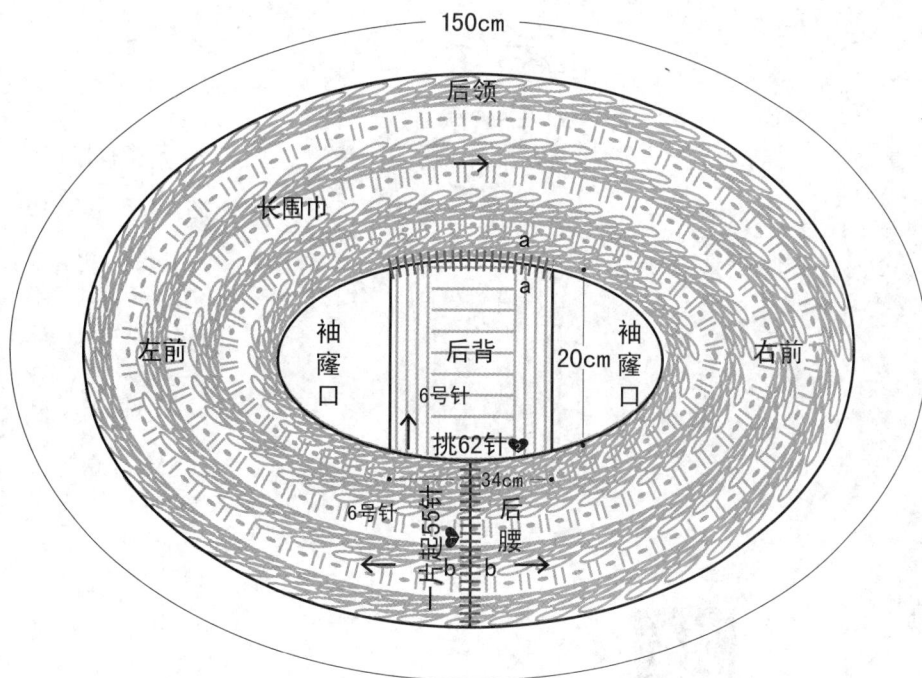

150cm

后领

长围巾

左前   袖窿口   后背   20cm   袖窿口   右前

6号针

挑62针

34cm

6号针   后腰

a   a   b   b

长围巾排花：

10	5	10	5	10	5	10
绵	锁	绵	锁	绵	锁	绵
羊	链	羊	链	羊	链	羊
圈	球	圈	球	圈	球	圈
圈	球	圈	球	圈	球	圈
针	针	针	针	针	针	针

后背排花：

21	20	21
扭	宽	扭
针	锁	针
单	链	单
罗	针	罗
纹		纹

从下摆起针后整片往返向上织，减领口和减袖窿口同时进行，前后肩头不必缝合，门襟向上织相应长后按相同字母缝合形成领子；袖口起针后按排花环形向上织，同时在袖腋处规律加针至腋下，减袖山后余针平收，与正身整齐缝合。

编织步骤：

❤ 用6号针起140针按排花往返织15cm。

❤ 不换针，只将中间的扭针双罗纹改织正针，左右的绵羊球球针不变。

❤ 总长至30cm时减袖窿，①平收腋正中10针，②隔1行减1针减5次。

❤ 距后脖18cm时，在15针门襟花纹的内侧隔3行减1针减10次。前后肩头等高后，门襟的15针依然向上织，至后脖正中时对头缝合，同时将侧面与后片按相同字母缝合。

❤ 袖口用8号针起40针环形向上织20cm扭针双罗纹后，换6号针改织正针，同时在袖腋处隔7行加1次针，每次加2针，共加7次，总长至40cm时改织5cm绵羊球球针后减袖山，①平收腋正中10针，②隔1行减1针减13次，余针平收，与正身整齐缝合。

温馨TiPs：

绵羊圈圈针长度在3cm左右。

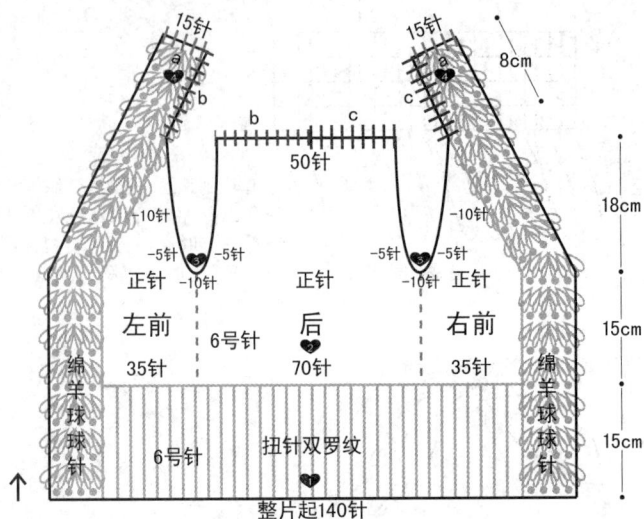

左前 后 右前
15针 15针
8cm
b b c c
50针
-10针 -10针
-5针 -5针 -5针 -5针
正针 -10针 正针 -10针 正针
18cm
左前 6号针 后 右前
35针 70针 35针
15cm
绵羊球球针 绵羊球球针
6号针 扭针双罗纹
15cm
整片起140针

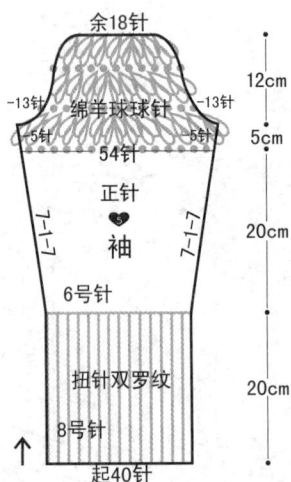

余18针
-13针 绵羊球球针 -13针
-5针 -5针
54针
正针
7-1-7 袖 7-1-7
12cm
5cm
20cm
6号针
扭针双罗纹
8号针
20cm
起40针

整体排花：

15　108　15
绵　扭　绵
羊　针　羊
球　双　球
球　罗　球
针　纹　针

24

材　料：
278规格纯毛粗线

用　量：
500g

工　具：
6号针

尺寸（cm）：
以实物为准

平均密度：
10cm²=20针×25行

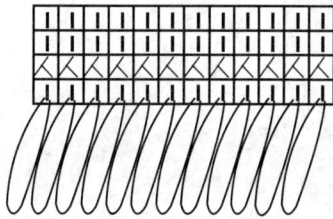

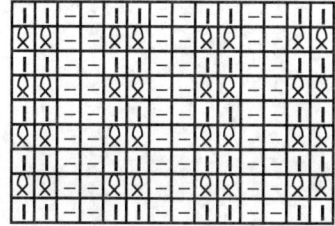

绵羊圈圈针

第一行：右食指绕双线织正针，然后把线套绕到正面，按此方法织第2针。

第二行：由于是双线所以2针并1针织正针。

第三、四行：织正针，并拉紧线套。

第五行以后重复第一到第四行。

扭针双罗纹

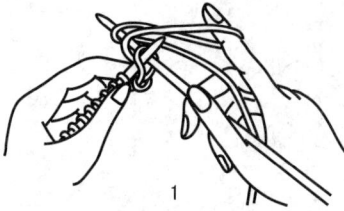

1

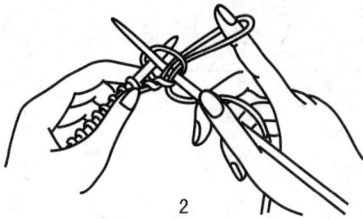

2

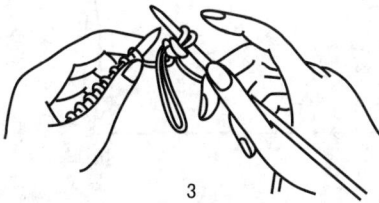

3

绵羊圈圈针

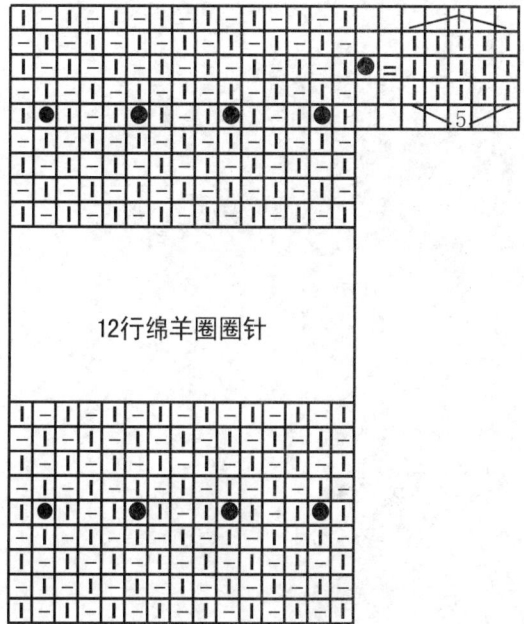

12行绵羊圈圈针

球球针和绵羊圈圈针

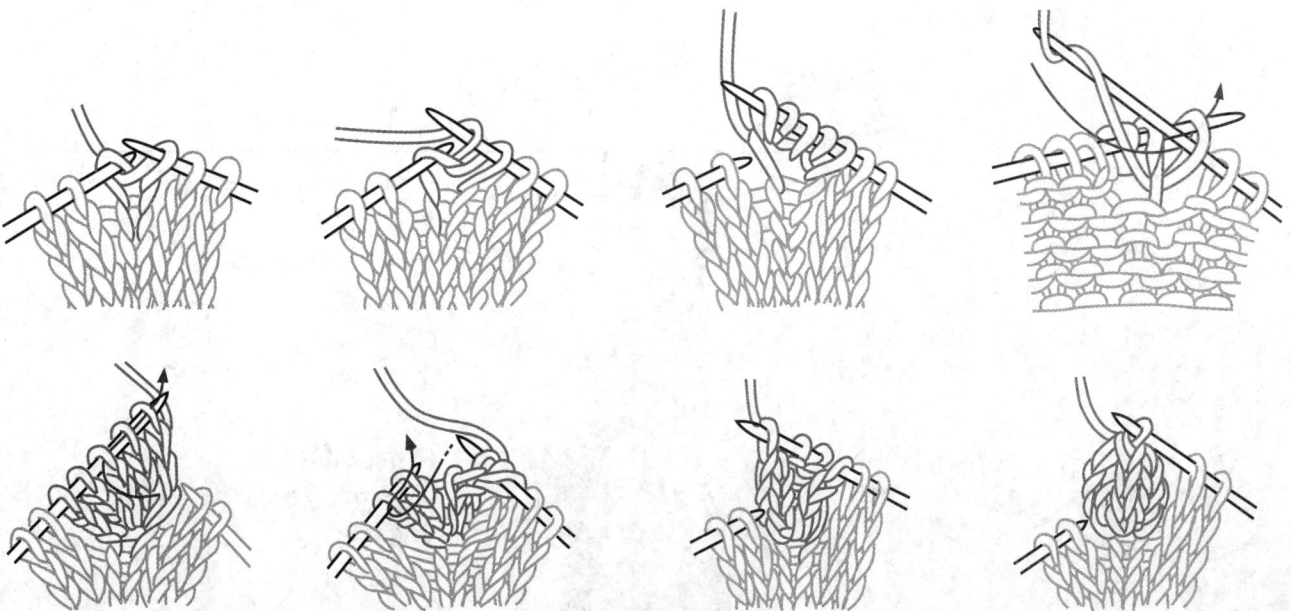

小球织法

编织简述：

　　按图织一个不规则的"凹"形，分别在两肋缝合后形成背心，最后从袖窿口挑针向下环形织袖子。

编织步骤：

❤ 用6号针起80针往返织10cm阿尔巴尼亚罗纹针。

❤ 改织34cm绵羊圈圈针后，取正中20针平收，左右各30针门襟，其中7针织锁链球球针，余下的23针依然织绵羊圈圈针，向下直织形成左右前片。

❤ 总长至78cm时，将左右前片改织10cm阿尔巴尼亚罗纹针后收针。

❤ 按相同字母缝合两肋，形成的两个开口为袖窿口。

❤ 从袖窿口挑出38针环形织40cm正针后，改织3cm扭针单罗纹形成袖口。

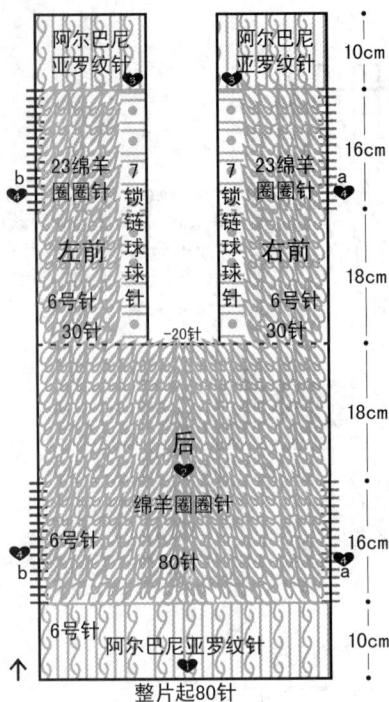

左前　阿尔巴尼亚罗纹针　10cm

23绵羊圈圈针　7锁链球球针　16cm

6号针　30针　18cm

右前　阿尔巴尼亚罗纹针　10cm

7锁链球球针　23绵羊圈圈针

6号针　30针

b　a

-20针

后

绵羊圈圈针

6号针

80针

18cm

16cm

6号针　阿尔巴尼亚罗纹针　10cm

↑　整片起80针

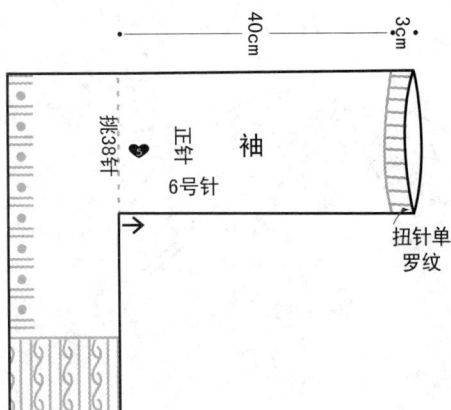

40cm　3cm

挑38针　正针　袖

6号针

扭针单罗纹

25

材　料：
275规格纯毛粗线

用　量：
400g

工　具：
6号针

尺寸（cm）：
以实物为准

平均密度：
$10cm^2$=20针×24行

温馨Tips：
　　缝合两肋时注意前后下摆不缝。

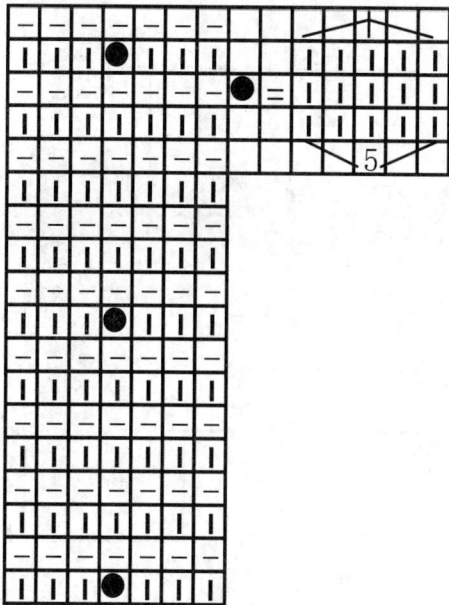

锁链针

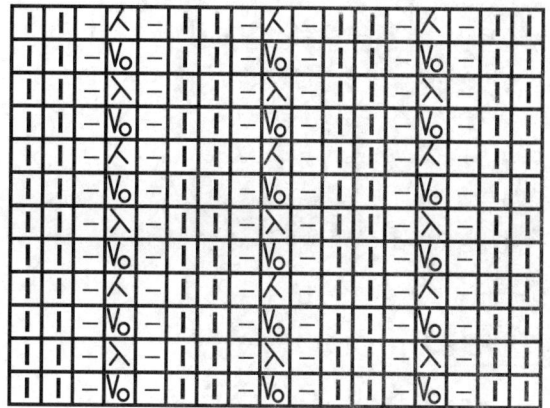

阿尔巴尼亚罗纹针

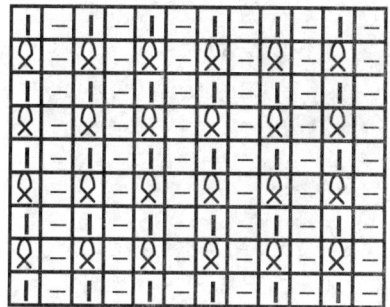

扭针单罗纹

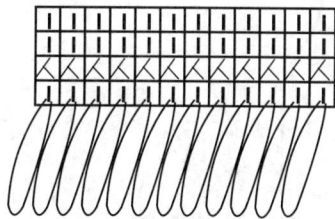

绵羊圈圈针

第一行：右食指绕双线织正针，然后把线套绕到正面，按此方法织第2针。
第二行：由于是双线所以2针并1针织正针。
第三、四行：织正针，并拉紧线套。
第五行以后重复第一到第四行。

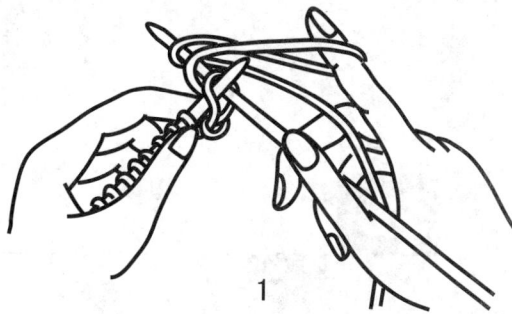

1

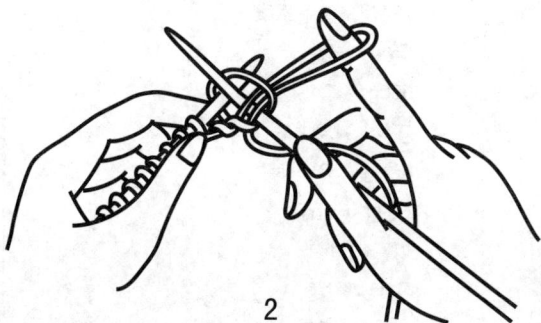

2

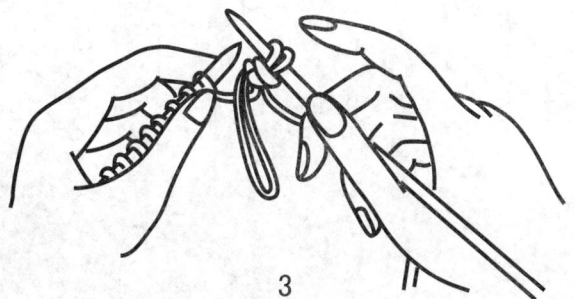

3

绵羊圈圈针

分别织两个花片，在花片的中间平加针后合成整片向上织，减领口和减袖窿同时进行，前后肩头缝合后，门襟依然向上织，至后脖正中时对头缝合形成领子；袖口起针后按花纹环形向上织，至腋下后减袖山，余针平收，与正身整齐缝合。

编织步骤：

♥ 用8号针起48针往返织15cm对称树叶花片。

♥ 共织两个相同大小的花片后，在两个花片中间平加72针，合成168针换6号针按排花往返向上织。

♥ 按排花织30cm后减袖窿，①平收腋正中10针，②隔1行减1针减5次。

♥ 距后脖18cm时减领口，①取左右各16针绵羊圈圈针作为门襟，②在门襟的内侧隔3行减1针减10次，门襟的16针绵羊圈圈针不变。

♥ 前后肩头各取9针缝合后，门襟的16针不缝，依然向上织至后脖正中时对头缝合形成领子。

♥ 袖口用8号针起48针环形织25cm对称树叶花后，换6号针改织正针，总长至45cm时减袖山，①平收腋正中10针，②隔1行减1针减13次，余针平收，与正身整齐缝合。

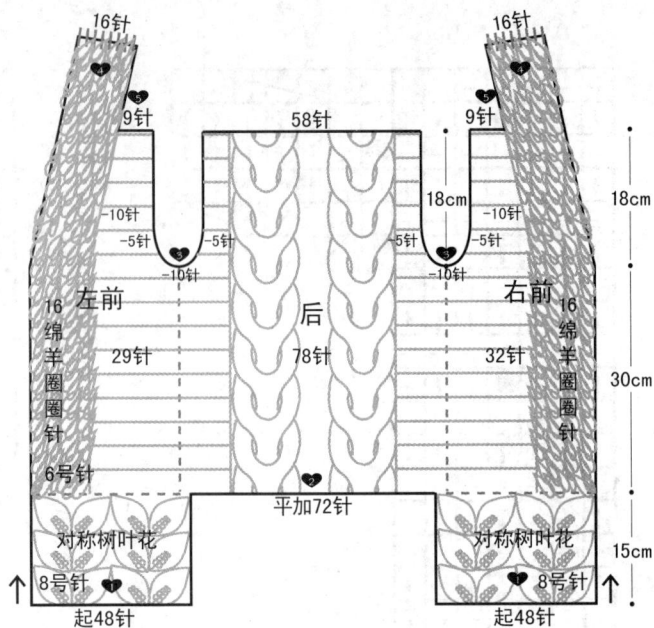

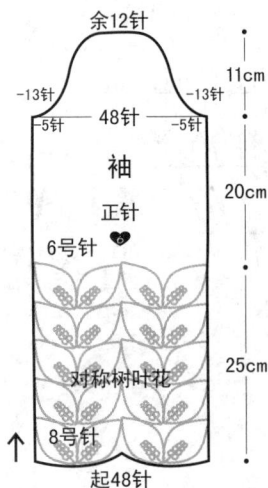

26

温馨Tips：

门襟的16针绵羊圈圈针在后脖正中缝合时注意缝合迹在内侧。

材　　料：
286规格纯毛粗线

用　　量：
550g

工　　具：
6号针　8号针

尺寸（cm）：
以实物为准

平均密度：
10cm² =20针×24行

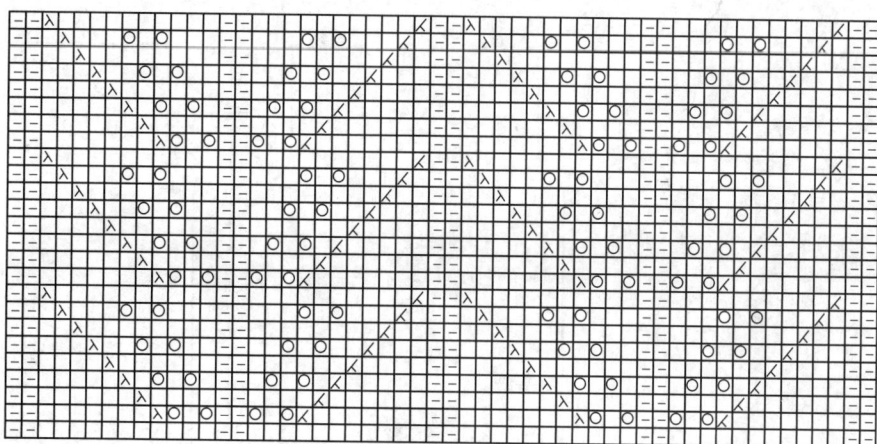

对称树叶花

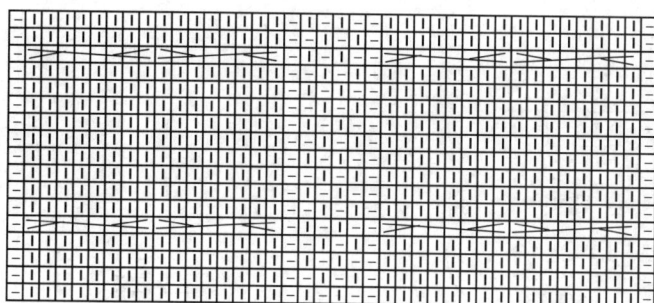

对扭麻花针和星星针

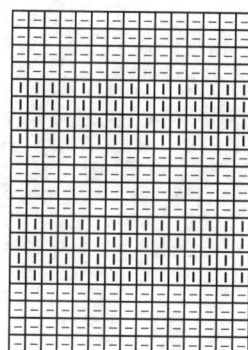

横条纹针

整体排花:

16	48	1	16	1	4	1	16	1	48	16
绵羊圈圈针	横条纹针	反针	对扭麻花针	反针	星星针	反针	对扭麻花针	反针	横条纹针	绵羊圈圈针

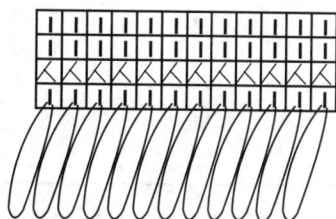

4行
3行
2行
1行

绵羊圈圈针

第一行:右食指绕双线织正针,然后把线套绕到正面,按此方法织第2针。
第二行:由于是双线所以2针并1针织正针。
第三、四行:织正针,并拉紧线套。
第五行以后重复第一到第四行。

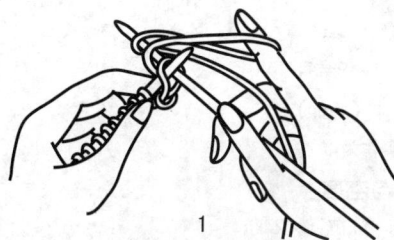

1

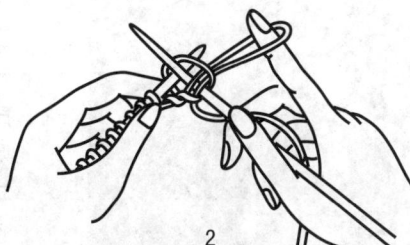

2

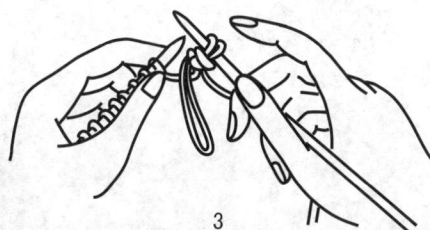

3

绵羊圈圈针

编织简述:

从下摆起针后环形按花纹织,至腋下后减袖窿,领口减针成V字领,肩头缝合后挑针织领边;袖口起针后环形织扭针双罗纹,相应长后,统一加针织绵羊圈圈针形成公主袖,最后与正身整齐缝合。

编织步骤:

♥ 用6号针起132针环形织2cm扭针双罗纹后,改织3cm绵羊圈圈针。

♥ 统一减至126针环形织32cm星星针后减袖窿,①平收腋正中6针,②隔1行减1针减3次。

♥ 距后脖10cm时减V形领口,①平收领正中1针,②在两侧隔1行减1针减12次,肩头缝合后用9号针从领口挑出90针环形织3cm绵羊圈圈针后,改织1cm扭针双罗纹,收机械边。

♥ 袖口用6号针起36针环形织30cm扭针双罗纹后,一次性加至52针环形织绵羊圈圈针至14cm处减袖山,①平收腋正中6针,②隔1行减1针减14次,余针一次性减至12针,与正身整齐缝合。

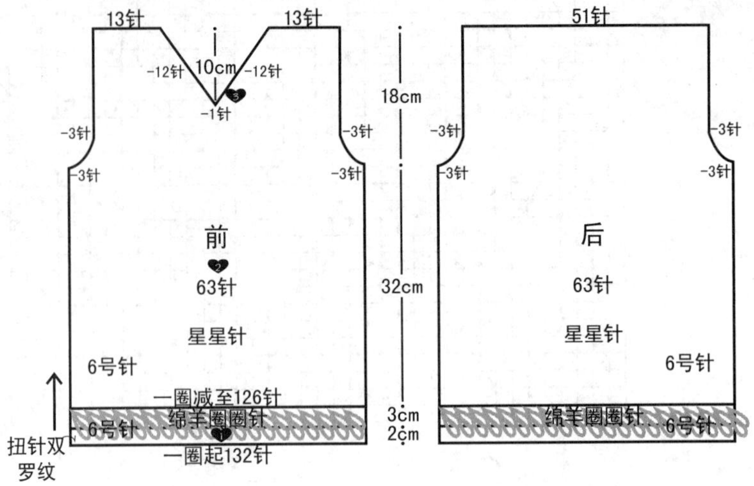

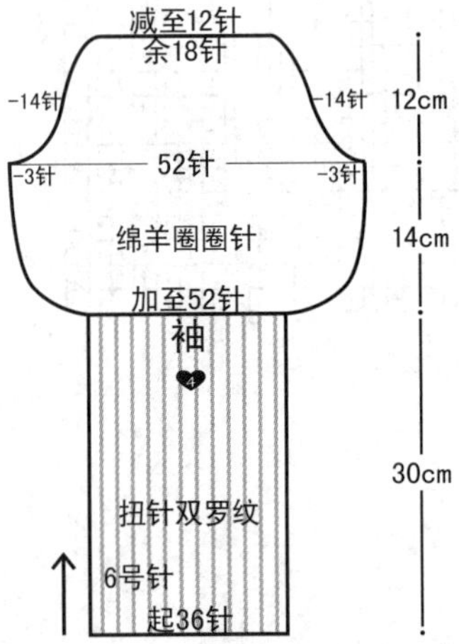

温馨TiPS:

绵羊圈圈针容易内卷,领口的罗纹起到防止卷边的作用。

前
♥
63针
星星针
13针 ── 13针
-12针 10cm -12针
-1针
-3针 ── -3针
-3针 ── -3针
6号针
一圈减至126针
绵羊圈圈针
6号针
一圈起132针
扭针双罗纹
32cm
3cm
2cm

后
♥
63针
星星针
51针
18cm
-3针 ── -3针
-3针 ── -3针
6号针
绵羊圈圈针
6号针

袖
♥
减至12针
余18针
-14针 ── -14针
-3针 52针 -3针
绵羊圈圈针
加至52针
扭针双罗纹
6号针
起36针
12cm
14cm
30cm

领
♥
1cm 扭针双罗纹
3cm
9号针
绵羊圈圈针
一圈挑90针

27

材 料:
286规格纯毛粗线

用 量:
550g

工 具:
6号针 9号针

尺寸(cm):
以实物为准

平均密度:
$10cm^2$=17针×24行

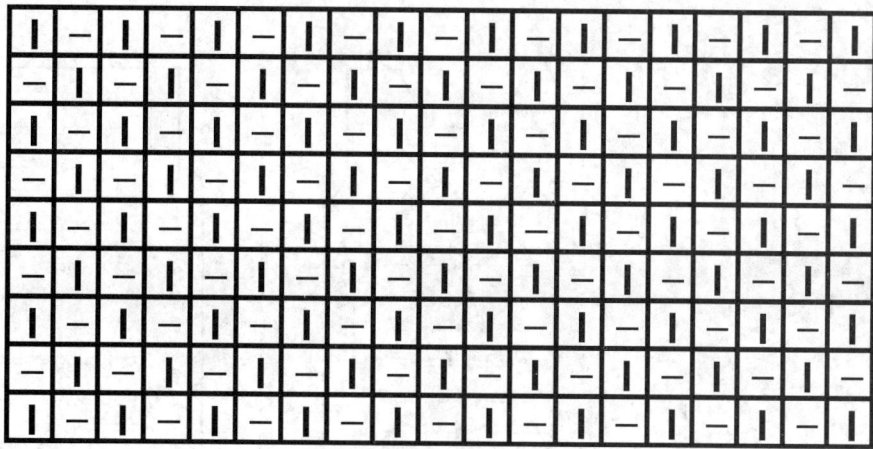

星星针

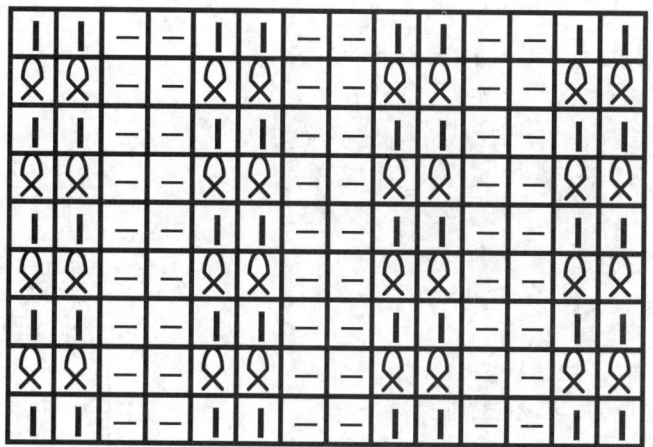

扭针双罗纹

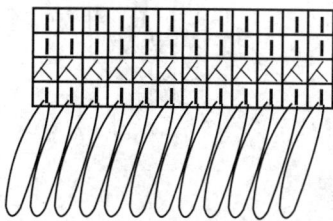

4行
3行
2行
1行

绵羊圈圈针

第一行: 右食指绕双线织正针, 然后把线套绕到正面, 按此方法织第2针。
第二行: 由于是双线所以2针并1针织正针。
第三、四行: 织正针, 并拉紧线套。
第五行以后重复第一到第四行。

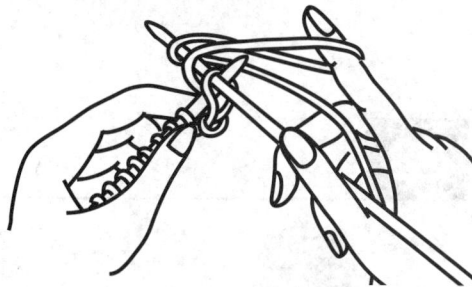

1

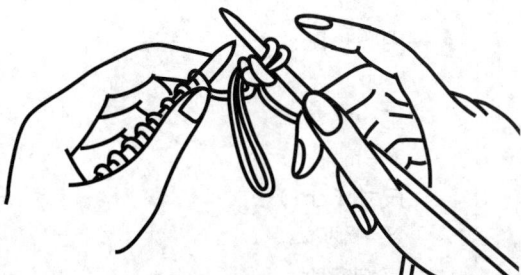

3

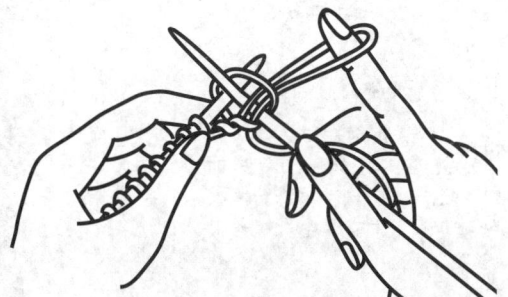

2

绵羊圈圈针

从下摆起针后环形织绵羊圈圈针，相应长后按排花织正身，先减袖隆后减领口，肩头缝合后挑织开领；袖口起针后直织相应长后统一加针织胸部一样的花纹，相应长后减袖山，余针平收，与正身做泡泡袖缝合。

编织步骤：

❤ 用6号针起146针环形织2cm锁链针后，改织15cm绵羊圈圈针。

❤ 按整体排花织正身，前片的正中有球球，后背没有。花纹织39cm后减袖隆，①平收腋正中8针，②隔1行减1针减6次。

❤ 距后脖8cm时减领口，①平收领正中11针，②隔1行减3针减1次，③隔1行减2针减1次，④隔1行减1针减2次，肩头缝合后，从领口往返挑出92针，前领口处重叠挑10针，向上织11cm扭针双罗纹，收机械边，形成立领。

❤ 袖口用6号针起36针环形织34cm单波浪凤尾针后加至60针改织正身胸前一样的花纹，总长至44cm后减袖山，①平收腋正中8针，②隔1行减1针减13次，余针平收，与正身整齐缝合。

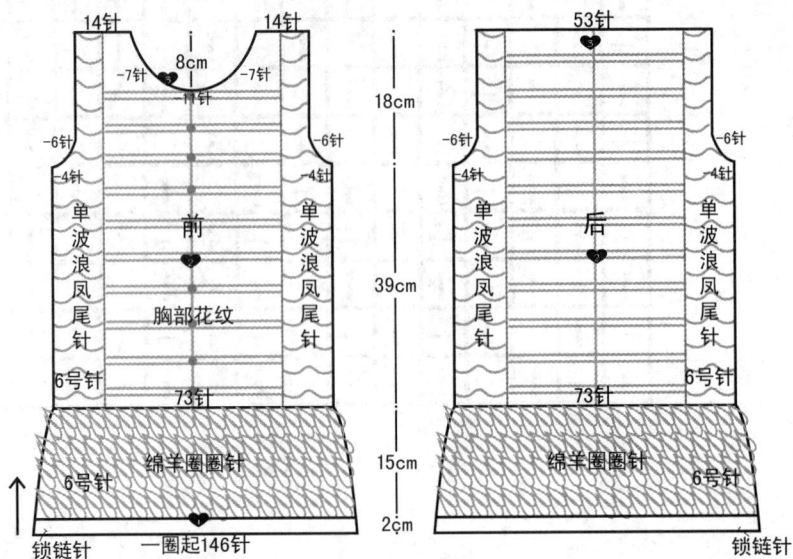

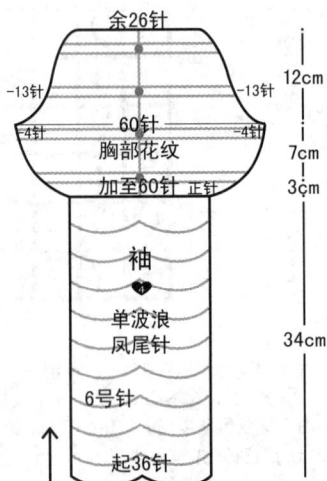

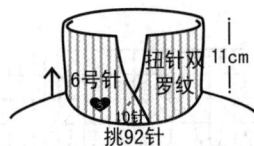

温馨Tips：
织泡泡袖时，与正身缝合很难，可以在完成袖山后，一次性减针后紧收平边，与正身缝合时会很方便。

前片图示：
14针　14针　　　　　　　53针
8cm
-7针　-7针
-6针　-6针　　　　　　-6针　-6针
-4针　-4针　　　　　　-4针　-4针
单波浪凤尾针　前　单波浪凤尾针　　单波浪凤尾针　后　单波浪凤尾针
6号针　胸部花纹　　　　　　6号针
73针　　　　　　　73针
18cm
39cm
15cm
2cm
6号针　绵羊圈圈针　　　绵羊圈圈针　6号针
一圈起146针
锁链针　　　　　　　锁链针

袖片图示：
余26针
-13针　-13针
-4针　60针　-4针
胸部花纹
加至60针　正针
袖
单波浪凤尾针
6号针
起36针
12cm
7cm
3cm
34cm

领片：
6号针　扭针双罗纹　11cm
挑92针

28

材　料：
286规格纯毛粗线

用　量：
550g

工　具：
6号针

尺寸（cm）：
以实物为准

平均密度：
10cm²=20针×24行

整体排花：

18	2	15	3	15	2	18
单波浪凤尾针	反针	正针	反球球针	正针	反针	单波浪凤尾针
18	2	15	3	15	2	18
单波浪凤尾针	反针	正针	反针	正针	反针	单波浪凤尾针

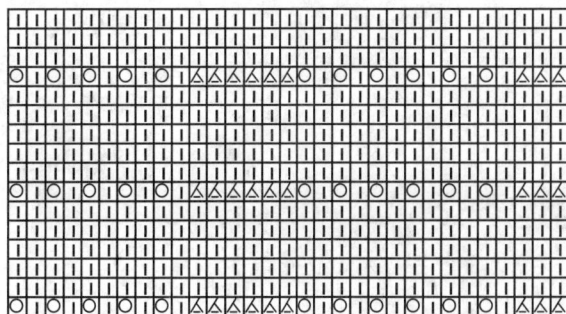

单波浪凤尾针

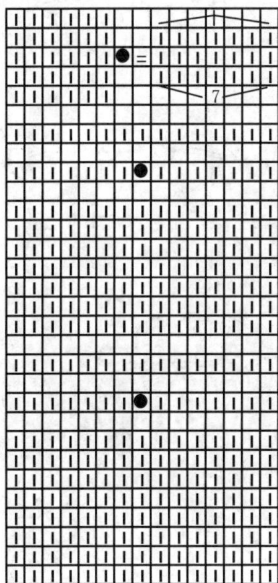

胸部花纹

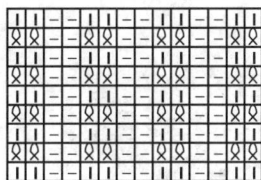

扭针双罗纹

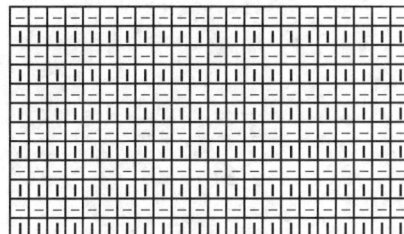

锁链针

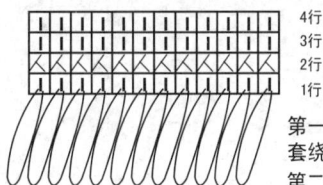

4行
3行
2行
1行

绵羊圈圈针

第一行：右食指绕双线织正针，然后把线套绕到正面，按此方法织第2针。
第二行：由于是双线所以2针并1针织正针。
第三、四行：织正针，并拉紧线套。
第五行以后重复第一到第四行。

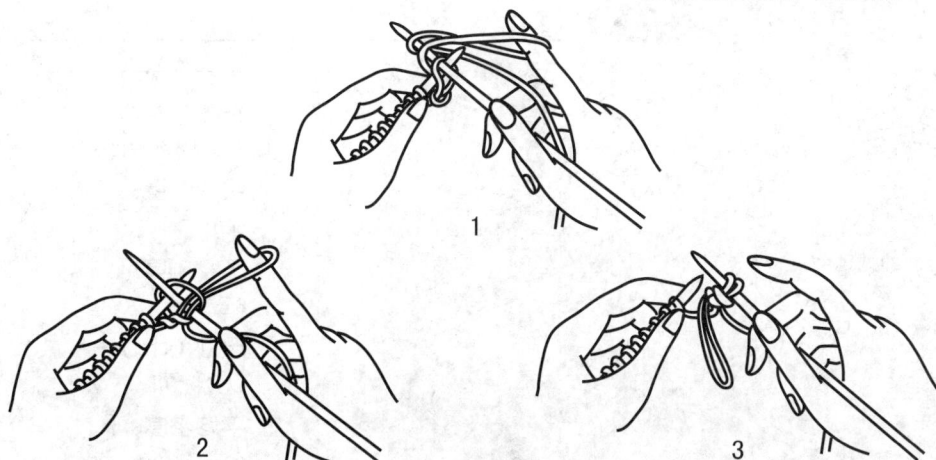

1

2

3

绵羊圈圈针

编织步骤：

❤ 用6号针起36针往返织2cm扭针单罗纹后，改织110cm绵羊圈圈针，最后再织2cm扭针单罗纹形成长围巾。

❤ 在长围巾正中30cm位置挑出55针，用6号针往返织25cmV形星星球球针后再改织25cm星星针并收平边形成后片。

❤ 按相同字母各缝合25cm后形成背心，两侧的圆洞为袖窿口。

❤ 从袖窿口挑出44针用6号针环形织38cm扭针单罗纹后形成袖子。

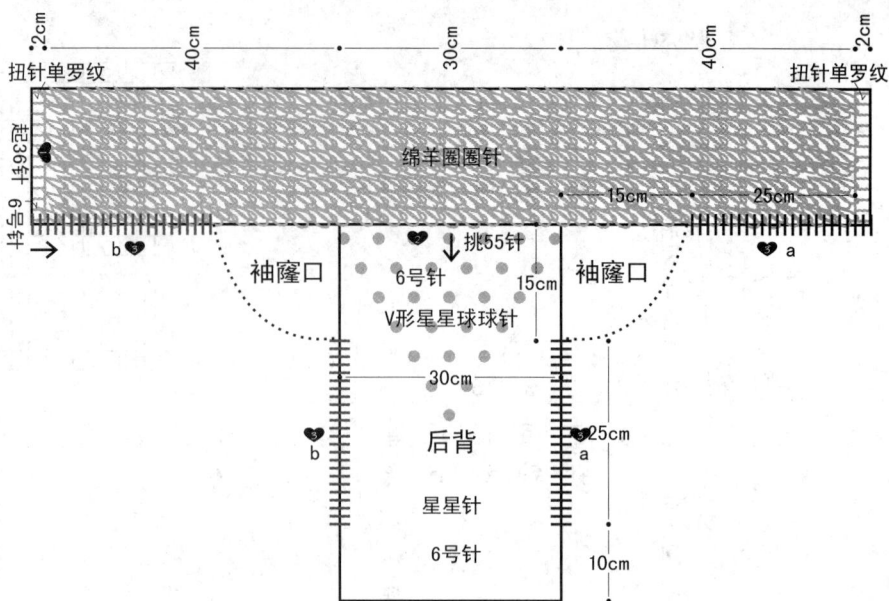

2cm　40cm　30cm　40cm　2cm
扭针单罗纹　　　　　　　　　　扭针单罗纹
起36针
6号针
绵羊圈圈针
15cm　25cm
b ❤　↓挑55针　❤ a
袖窿口　6号针　15cm　袖窿口
V形星星球球针
30cm
b ❤　后背　❤ a　25cm
星星针
6号针
10cm

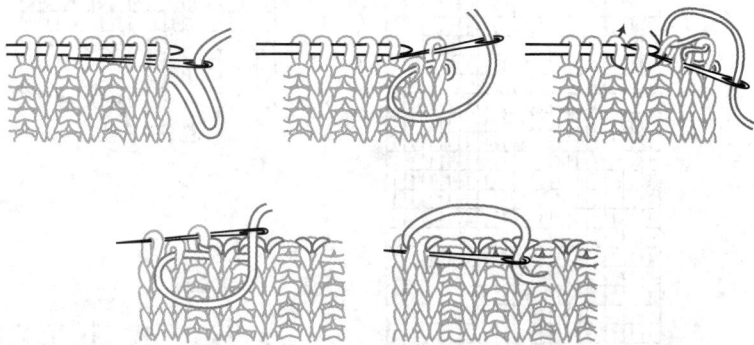

单罗纹收针缝法

29

温馨Tips：

注意后片的球球为倒三角形排列；两肋缝合时，后片下方10cm位置不缝。

材　料：
278规格纯毛粗线
用　量：
500g
工　具：
6号针
尺寸（cm）：
以实物为准
平均密度：
10cm²=19针×25行

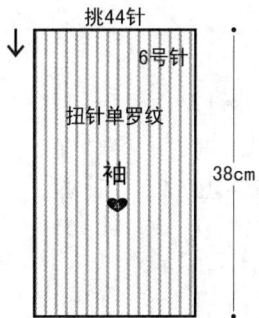

挑44针

6号针

扭针单罗纹

袖

38cm

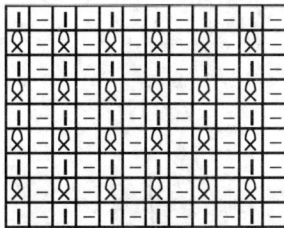

扭针单罗纹

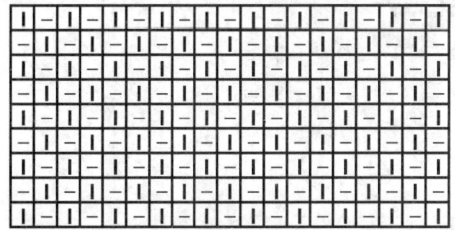

星星针

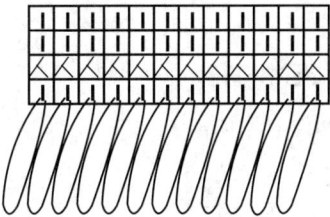

4行
3行
2行
1行

绵羊圈圈针

第一行: 右食指绕双线织正针, 然后把线
套绕到正面, 按此方法织第2针。
第二行: 由于是双线所以2针并1针织正针。
第三、四行: 织正针, 并拉紧线套。
第五行以后重复第一到第四行。

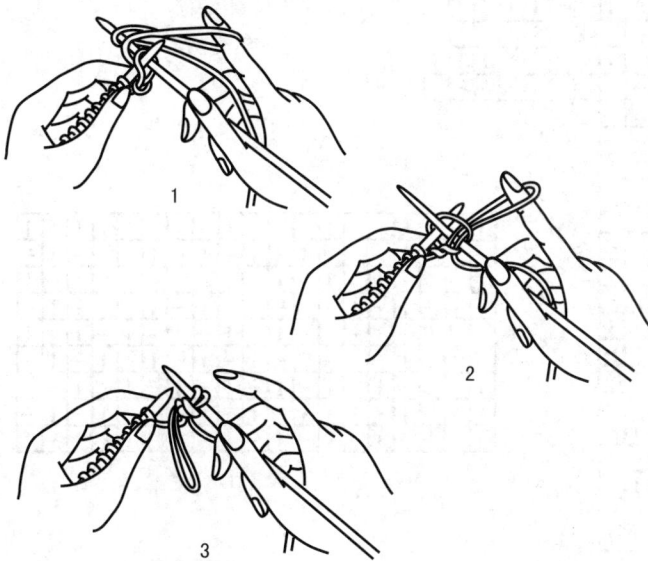

1

2

3

绵羊圈圈针

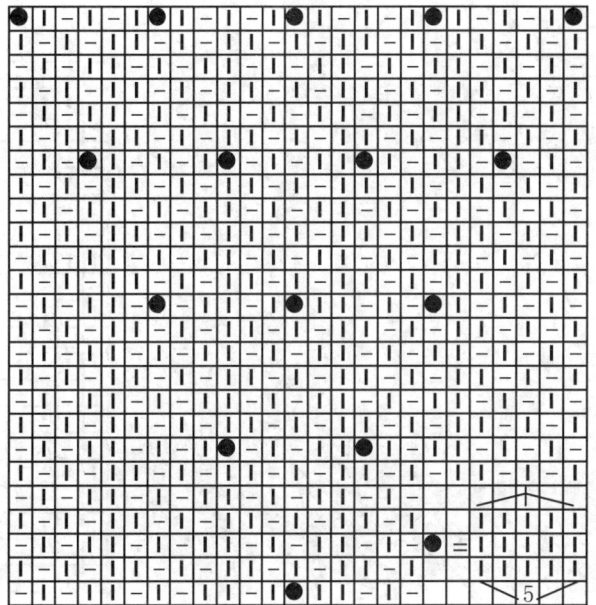

V形星星球球针

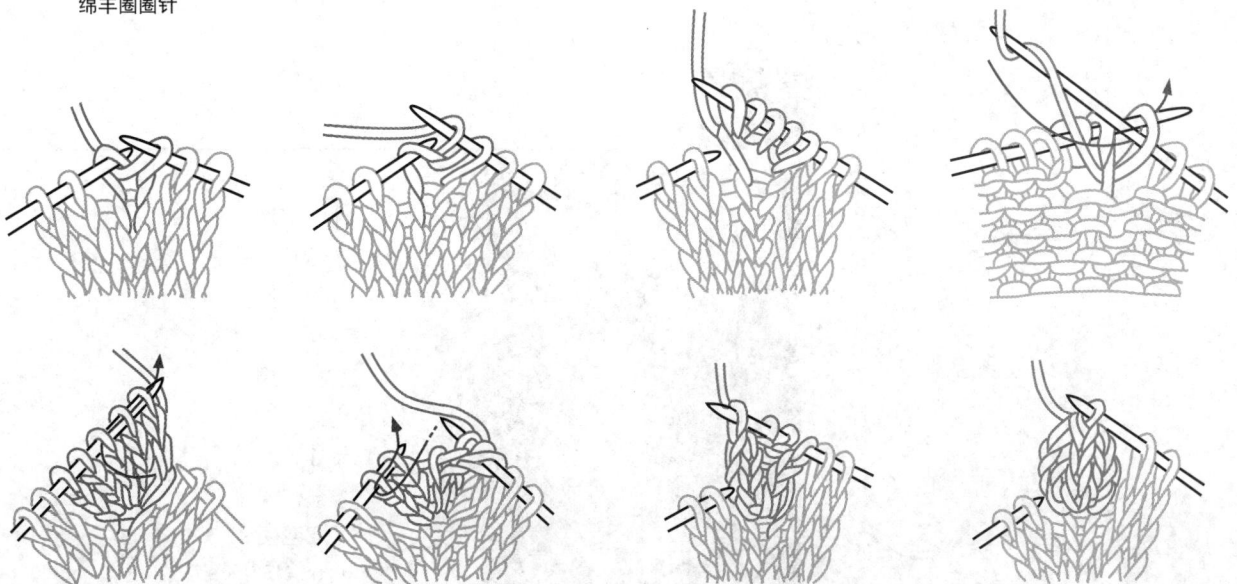

小球球织法

按排花往返织一条长围巾和一个后片，按相同字母缝合后脖和两肋后，从袖窿口挑针向下环形织袖子。

编织步骤：

❤ 用6号针起51针按长围巾排花往返向上织，至126cm时收针形成长围巾。

❤ 另线起66针向上往返织后片，总长至22cm时减袖窿，①平收腋一侧4针，②隔1行减1针减4次，余针向上直织，总长至40cm时松收平边，形成完整后片。

❤ 将后片与长围巾正中的26cm位置缝合后，再按相同字母缝合两肋。

❤ 用6号针从袖窿口处挑出52针，向下环形织正针形成袖子，同时在袖腋处隔9行减1次针，每次减2针，共减9次，余34针紧收平边完成袖子。

温馨TiPs：

完成后片收针时注意手劲不可过紧，与长围巾缝合时保持服装各处弹性一致。

挑52针

↓ 6号针

正针

袖 ❤

6-1-9 6-1-9

43cm

余34针

后片排花：

12	6	9	12	9	6	12
星	麻	锁	对	锁	麻	星
星	花	链	扭	链	花	星
针	针	球	麻	球	针	针
		球	花	球		
		针	针	针		

长围巾排花：

20	16	15
扭	绵	单
针	羊	排
单	圈	扣
罗	圈	花
纹	针	纹

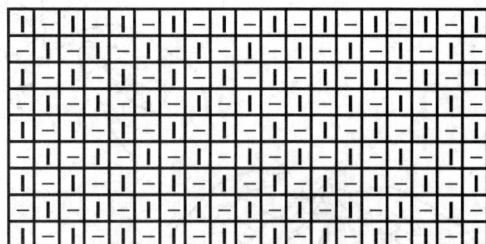

星星针

锁链球球针

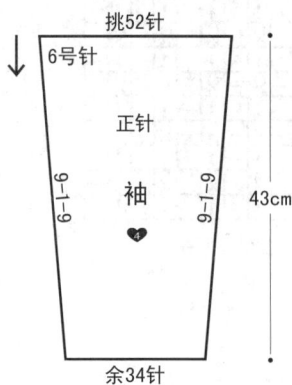

30

材　　料：
278规格纯毛粗线

用　　量：
500g

工　　具：
6号针

尺寸（cm）：
以实物为准

平均密度：
10cm² = 19针×25行

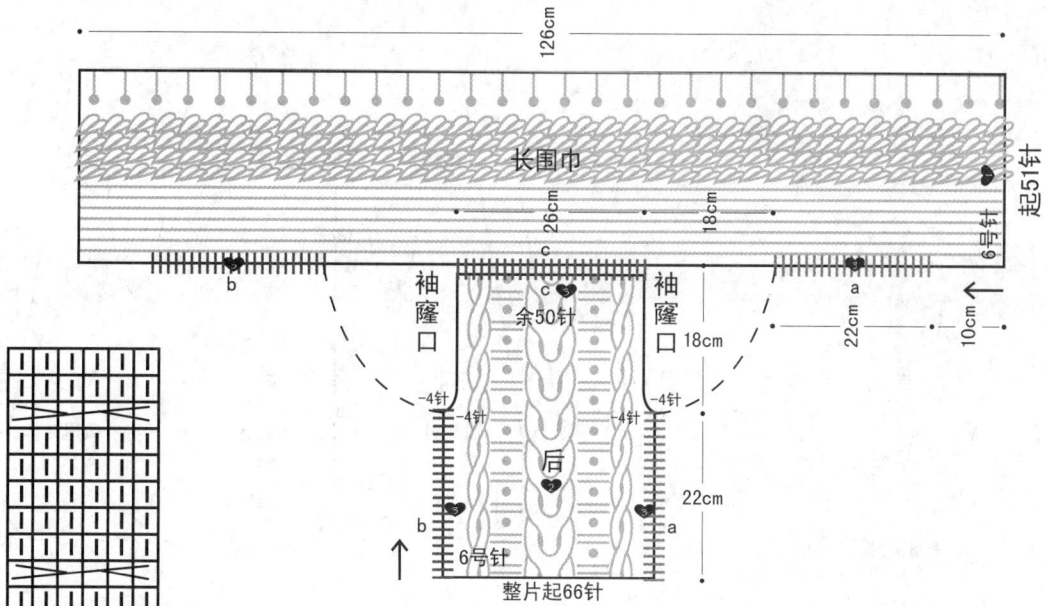

长围巾

126cm

26cm 18cm

起51针

6号针

10cm

22cm

袖窿口 余50针 袖窿口 18cm

c

-4针 后 -4针

b a

22cm

6号针

整片起66针

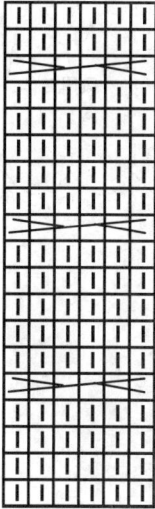

麻花针

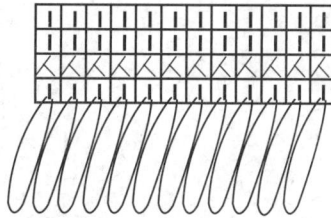

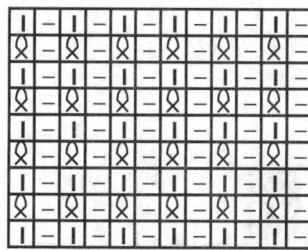

扭针单罗纹

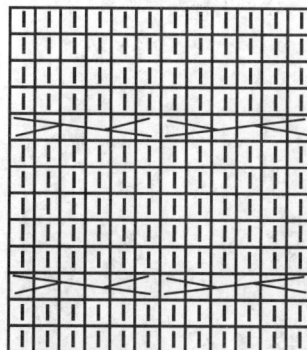

对扭麻花针

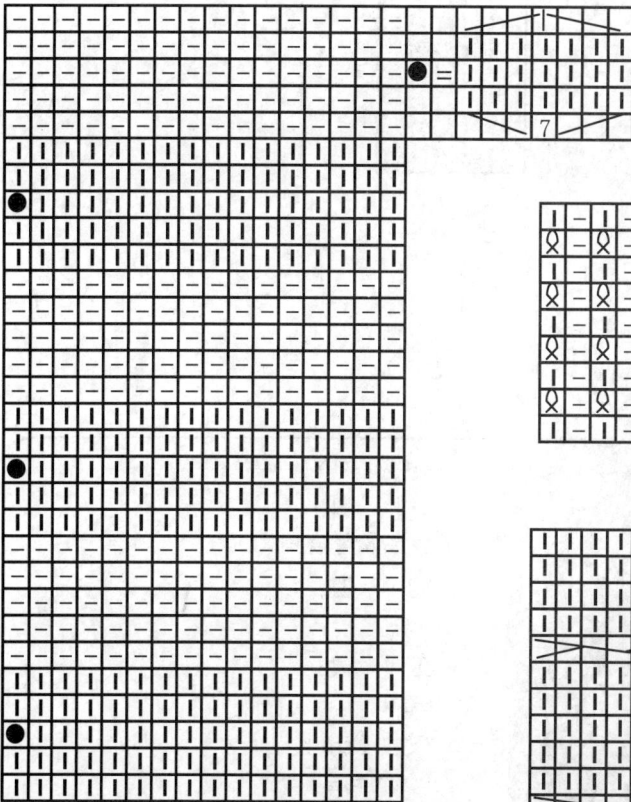

单排扣花纹

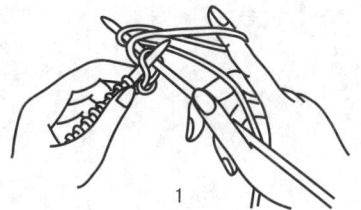

绵羊圈圈针

4行 第一行：右食指绕双线织正针，然后把线
3行 套绕到正面，按此方法织第2针。
2行 第二行：由于是双线所以2针并1针织正针。
1行 第三、四行：织正针，并拉紧线套。
第五行以后重复第一到第四行。

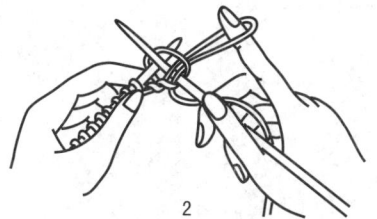

1

2

3

绵羊圈圈针

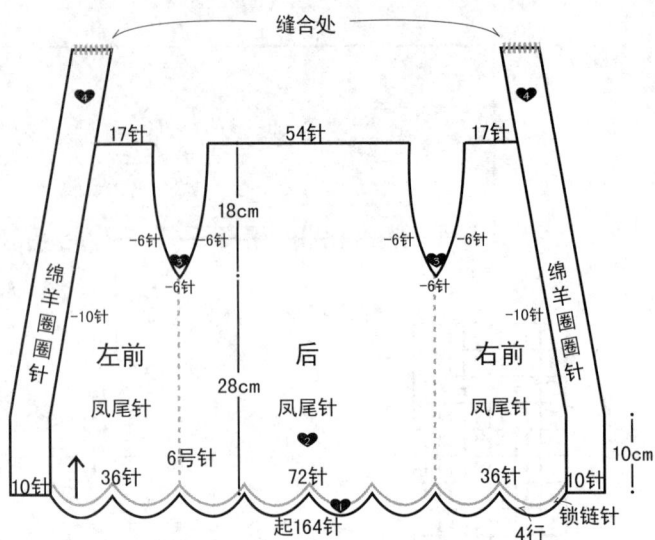

编织简述：

从下摆起针后整片向上织，在两门襟处分别压减针织领口，相应长后减袖窿，肩头缝合后，门襟继续向上织至后脖处对头缝合；袖口起针后向上织相应长扭针双罗纹后，统一加针环形直织正身一样的花纹，至腋下后减袖山，余针平收，与正身整齐缝合。

编织步骤：

❤ 用6号针起164针往返织4行锁链针后，中间144针改织凤尾针，两边各10针织绵羊圈圈针。

❤ 整片向上织10cm后，分别在两组绵羊圈圈针门襟的内侧压减针，隔7行减1次，共减10次。

❤ 总长至28cm时减袖窿，①平收腋正中6针，②隔1行减1针减6次。

❤ 肩头缝合后，绵羊圈圈针继续向上织，至后脖正中时对头缝合。

❤ 袖口用6号针起40针环形织30cm扭针双罗纹后，统一加至54针环形织22cm正身一样的花纹后减袖山，①平收腋正中6针，②隔1行减1针减12次，余针平收，与正身整齐缝合。

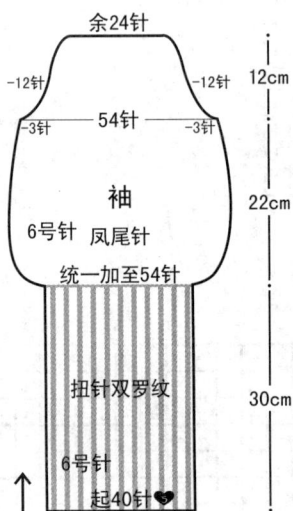

31

材　料：
273规格纯毛粗线

用　量：
450g

工　具：
6号针

尺寸（cm）：
以实物为准

平均密度：
10cm²=19针×24行

凤尾针

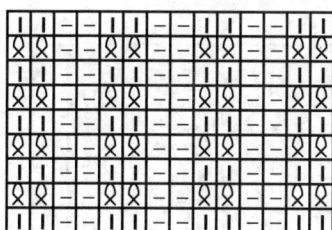

扭针双罗纹

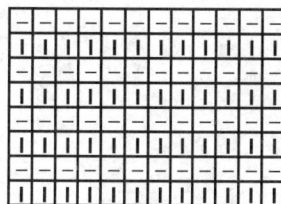

锁链针

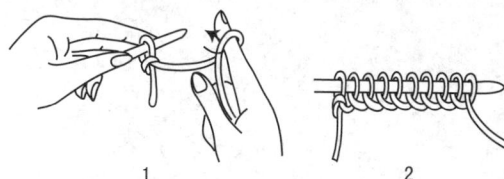

绕线起针法

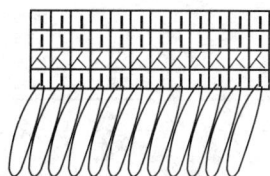

4行
3行
2行
1行

绵羊圈圈针

第一行: 右食指绕双线织正针, 然后把线套绕到正面, 按此方法织第2针。
第二行: 由于是双线所以2针并1针织正针。
第三、四行: 织正针, 并拉紧线套。
第五行以后重复第一到第四行。

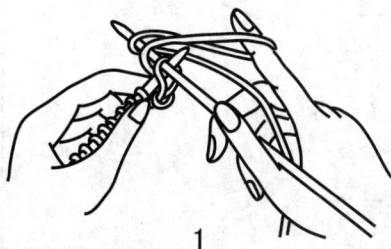

1

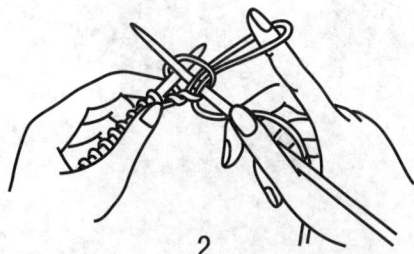

2

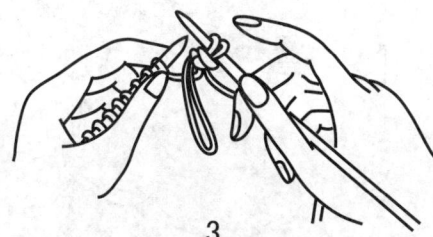

3

绵羊圈圈针

编织简述:

　　首先织一个长方形，按相同字母缝合后从开口挑织袖子。

编织步骤:

♥ 用6号针起100针往返织12cm绵羊圈圈针。

♥ 改织36cm阿尔巴尼亚罗纹针后松收平边。

♥ 按图中相同字母缝合各部分形成背心，从开口处挑出40针环形织42cm扭针单罗纹后收机械边形成袖子。

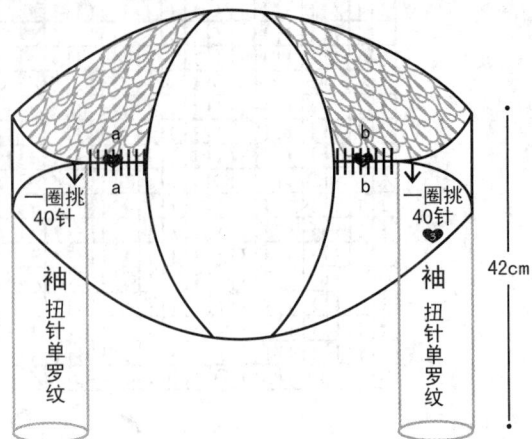

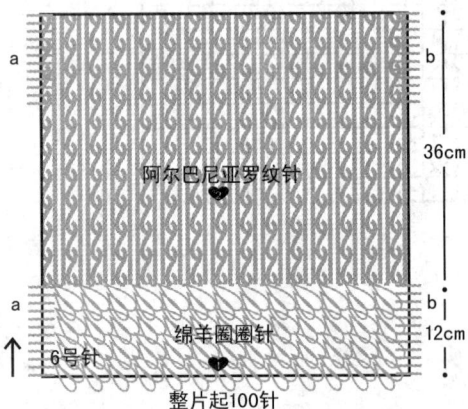

温馨Tips:

　　长方形完成后松收针，注意保持弹性。

32

材　料:
278规格纯毛粗线

用　量:
400g

工　具:
6号针

尺寸（cm）:
以实物为准

平均密度:
10cm²=20针×24行

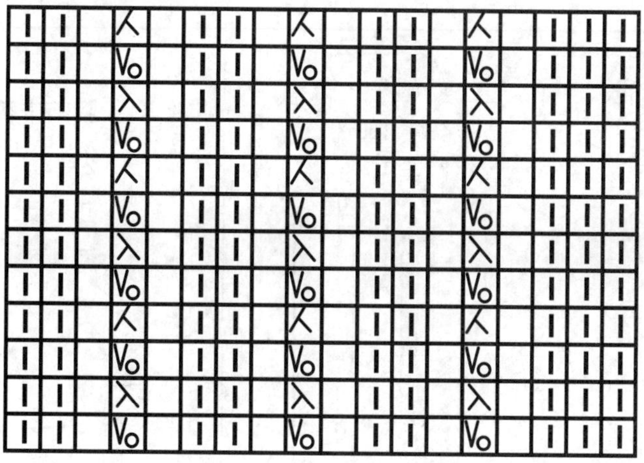

阿尔巴尼亚罗纹针

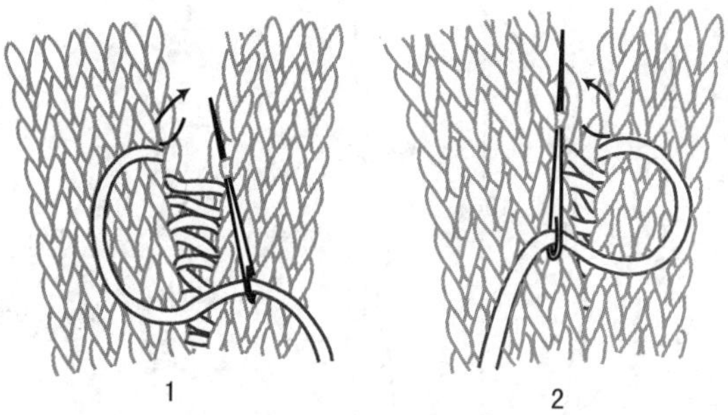

竖缝合方法

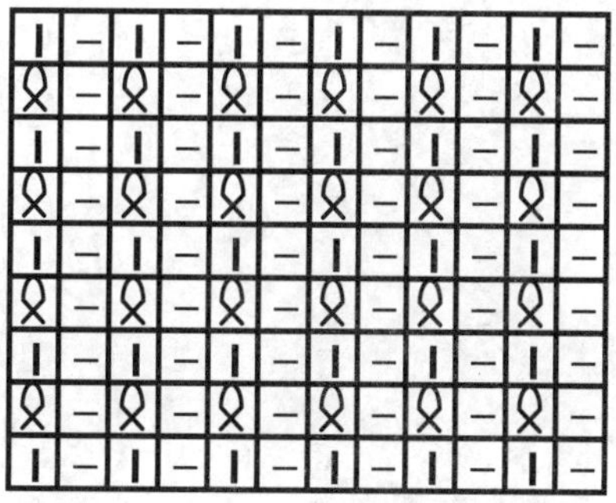

扭针单罗纹

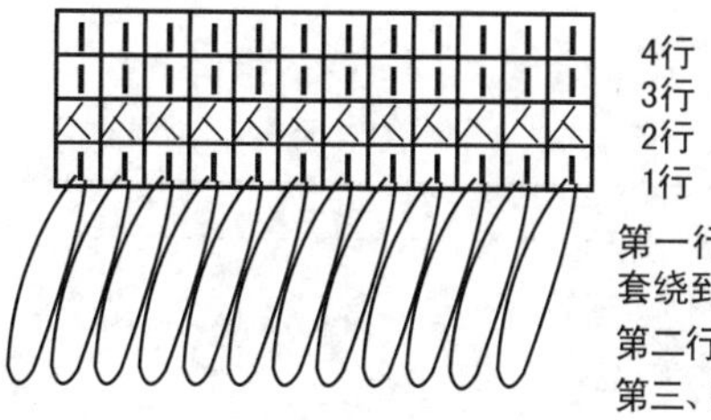

4行
3行
2行
1行

绵羊圈圈针

第一行: 右食指绕双线织正针, 然后把线
套绕到正面, 按此方法织第2针。
第二行: 由于是双线所以2针并1针织正针。
第三、四行: 织正针, 并拉紧线套。
第五行以后重复第一到第四行。

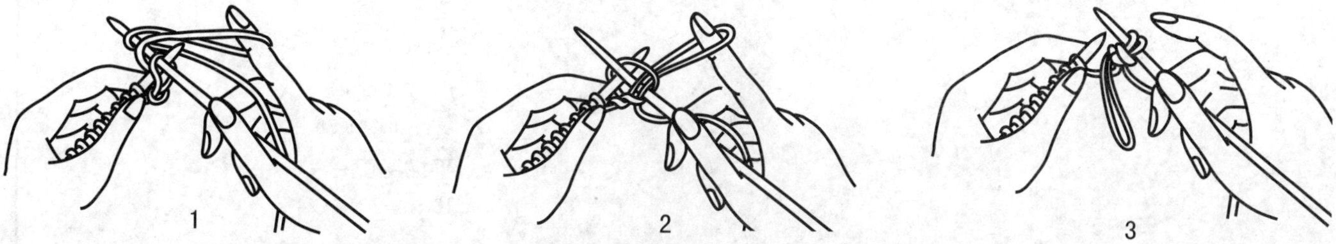

1   2   3

绵羊圈圈针

从下摆向上织，至腰部统一减针织扭针单罗纹后，再按胸部排花织，减领口和减袖隆同时进行；袖口起针织相应长后减袖山，余针平收与正身缝合。

编织步骤：

❤ 用6号针起180针环形织6行扭针单罗纹后，按底边编织方法规律减针。

❤ 裙边至35cm后，统一减至146针织8cm扭针单罗纹。

❤ 胸前及后背花纹相同，向上织10cm后减袖隆，①平收腋正中8针，②隔1行减1针减6次。

❤ 减领口与减袖隆同时进行，在1反针外侧，隔3行减1针减9次，领正中5锁链针从内部重叠挑针。

❤ 袖口用6号针起40针环形织40cm扭针双罗纹后，统一加至70针改织绵阳圈圈针，至44cm时减袖山，①平收腋正中8针，②隔1行减1针减12次，余38针平收与正身整齐缝合。

温馨TiPs：
注意领部需要重叠挑针，领与前胸一起向上织。

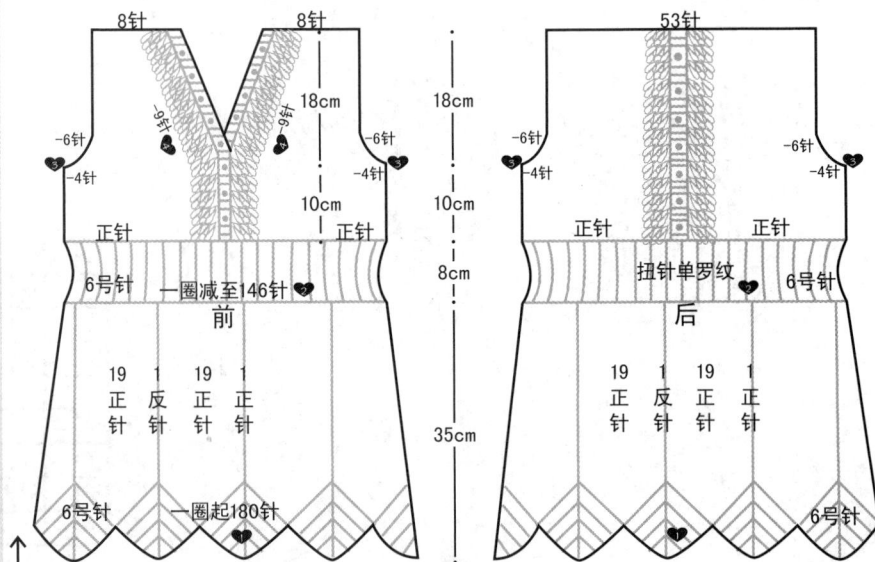

余38针
−12针　绵羊圈圈针　−12针　12cm
−4针 ─── ─── ─── ─── −4针　4cm
统一加至70针
袖
扭针双罗纹　40cm
6号针
起36针

胸前排花：146针

21	1	12	5	12	1	21
正	反	绵	锁	绵	反	正
针	针	羊	链	羊	针	针
		圈	球	圈		
		圈	球	圈		
		针	针	针		

── 后背同前面 ──

8针　8针
−6针 −6针　18cm
−4针 −4针
正针　正针
6号针　一圈减至146针
前
19	1	19	1
正	反	正	正
针	针	针	针
6号针　一圈起180针

53针
−6针 −6针　18cm
−4针 −4针
正针　正针
扭针单罗纹　6号针
后　8cm
19	1	19	1
正	反	正	正
针	针	针	针
6号针
35cm

33

材　料：
286规格纯毛粗线

用　量：
550g

工　具：
6号针

尺寸（cm）：
衣长71　袖长56　胸围73　肩宽27

平均密度：
10cm²=20针×24行

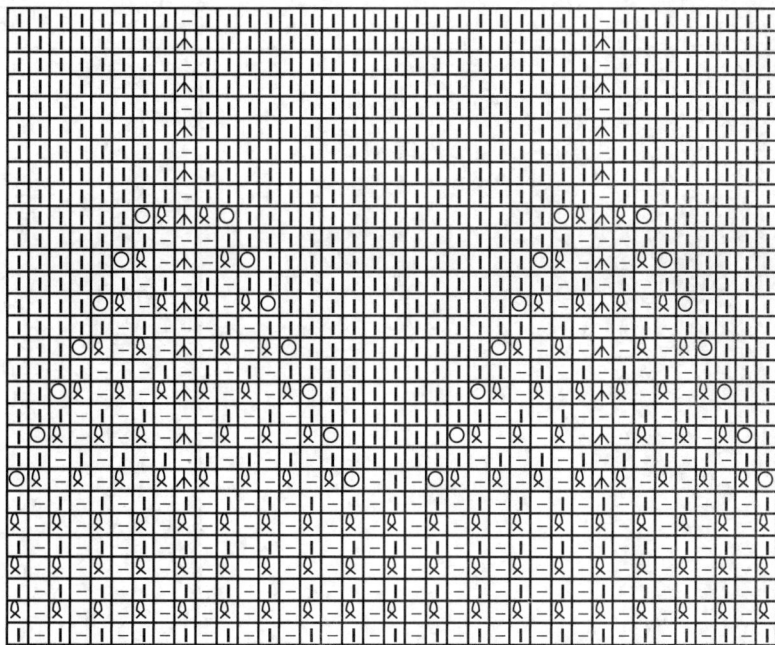

底边编织方法

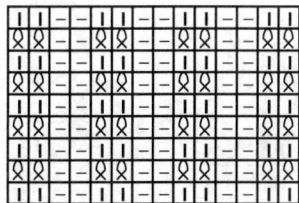

扭针双罗纹

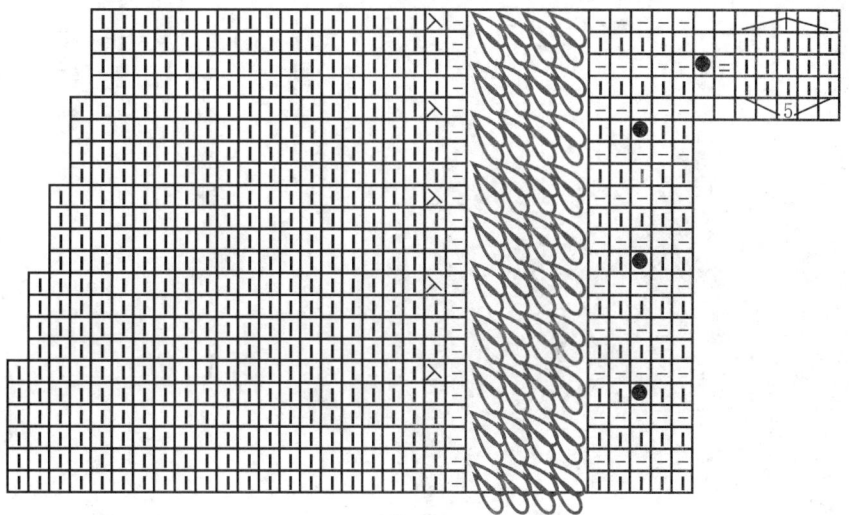

领口减针方法

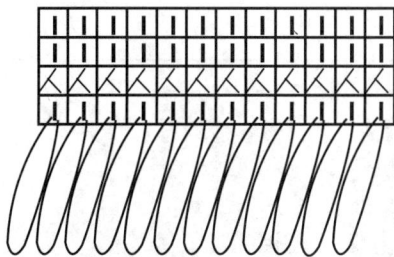

绵羊圈圈针

第一行：右食指绕双线织正针，然后把线
套绕到正面，按此方法织第2针。
第二行：由于是双线所以2针并1针织正针。
第三、四行：织正针，并拉紧线套。
第五行以后重复第一到第四行。

1

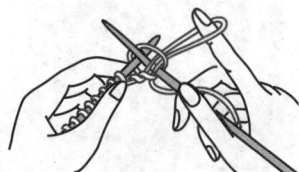

2

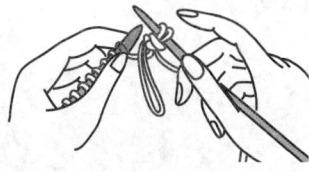

3

绵羊圈圈针

34

编织简述：

　　按图加减针织一个不规则形，然后按相同字母缝合两处后形成披肩。

编织步骤：

❤ 用6号针起66针，往返织3cm扭针单罗纹。

❤ 按排花①往返向上织50cm后，在右侧每行加1针共加35次，整片共101针。

❤ 按排花②向上往返织26cm后，在56正针中间左右均分，小片35针、大片66针，向上织14cm后，再合成101针整片向上织18cm；然后再一次分片织5cm。形成的第一个长洞为右袖口；第二个长洞用于穿围巾。

❤ 第二次合成101针大片向上再织9cm后，改织3cm扭针单罗纹并收机械边。

❤ 按相同字母将加针后形成的斜边与起针处整齐缝合形成披肩。

温馨TIPS：

　　麻花针为领边，洗涤后注意整理成波浪效果.

排花①：

14	2	20	2	28
麻花针	反针	绵羊圈圈针	反针	正针

排花②：

14	2	20	2	56	7
麻花针	反针	绵羊圈圈针	反针	正针	锁链针

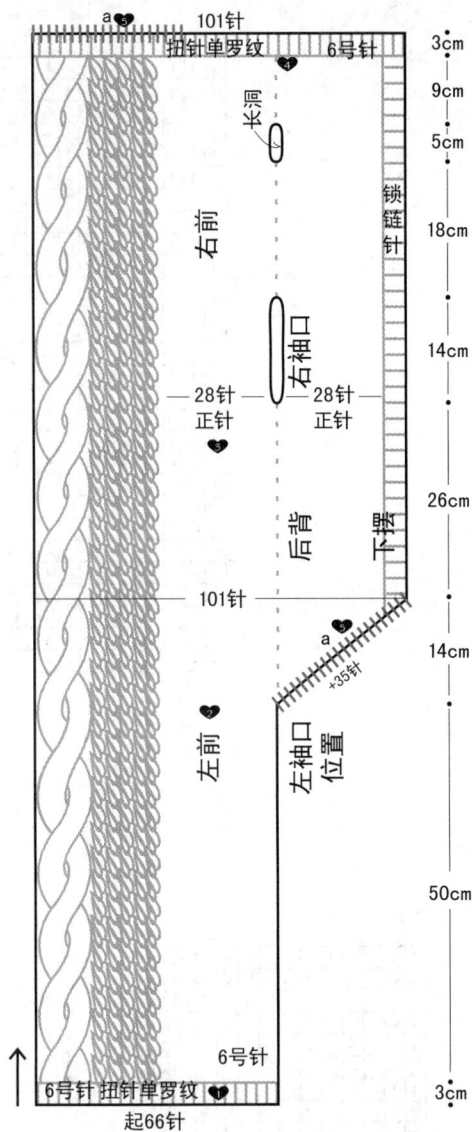

a 101针
扭针单罗纹 6号针
3cm
9cm
5cm
长洞
右前
锁链针 18cm
右袖口
14cm
28针 28针
正针 正针
后背
26cm
下摆
101针
14cm
左前
左袖口位置
a +35针
50cm
6号针
6号针 扭针单罗纹 ❤
起66针
3cm

材　料：
278规格纯毛粗线

用　量：
450g

工　具：
6号针

尺寸（cm）：
以实物为准

平均密度：
10cm² = 19针 × 25行

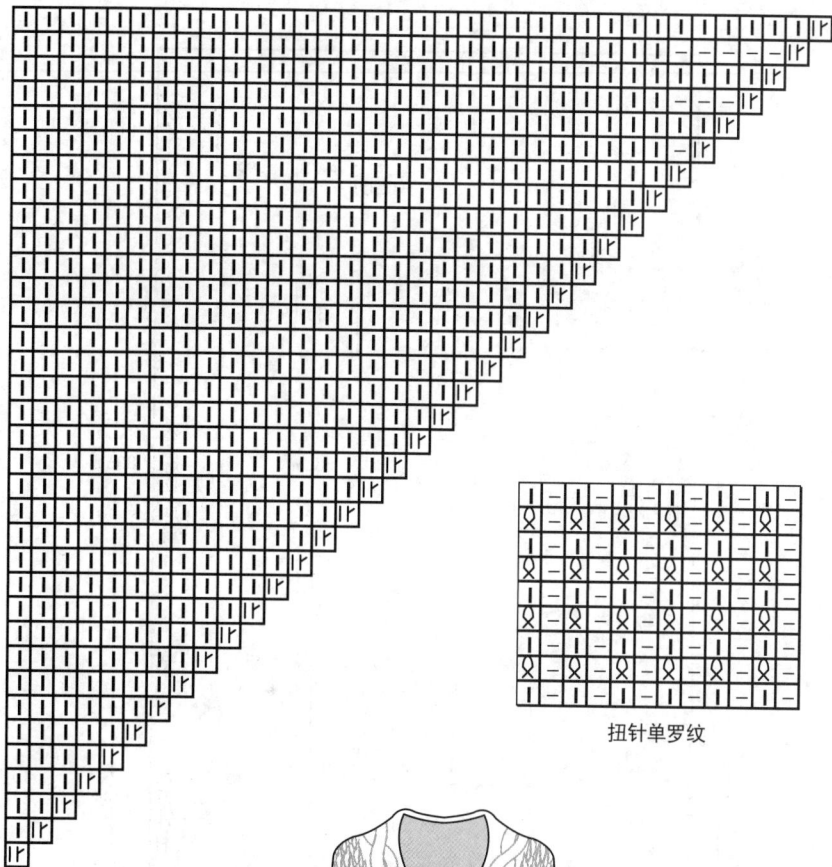

加针方法

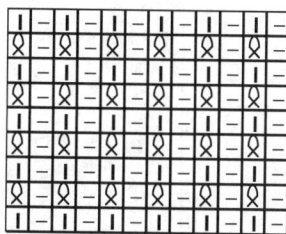

扭针单罗纹

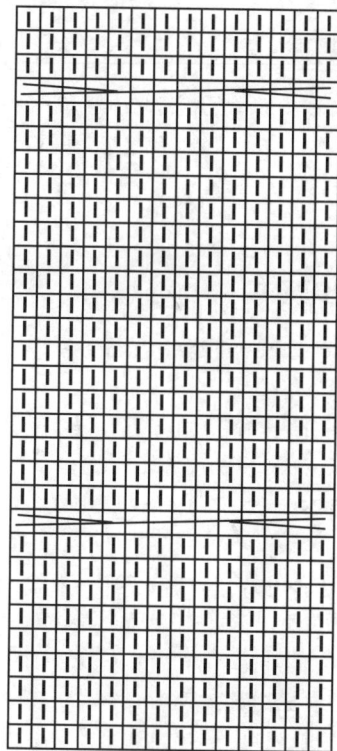

麻花针

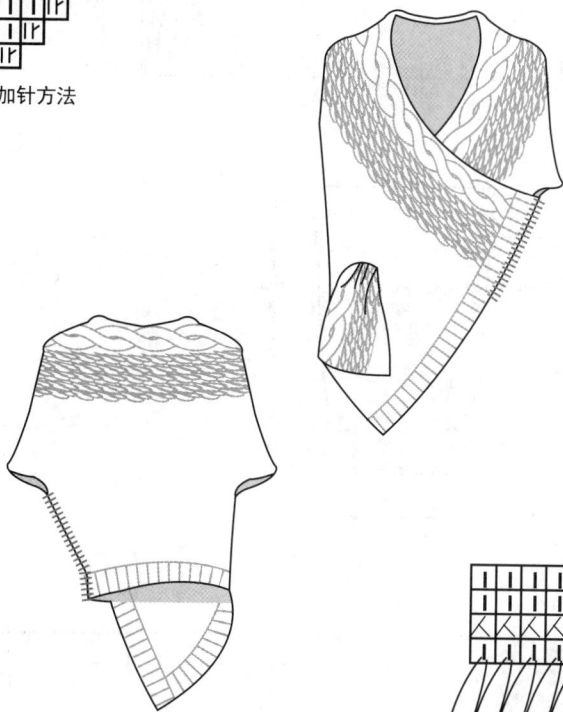

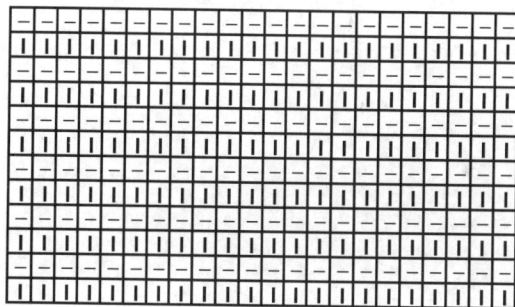

锁链针

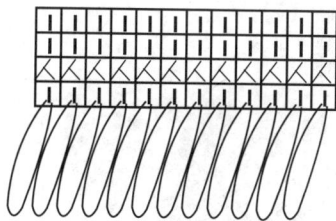

绵羊圈圈针

4行 第一行: 右食指绕双线织正针, 然后把线
3行 套绕到正面, 按此方法织第2针。
2行 第二行: 由于是双线所以2针并1针织正针。
1行 第三、四行: 织正针, 并拉紧线套。
第五行以后重复第一到第四行。

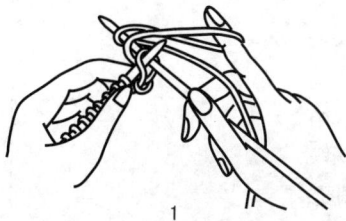

1

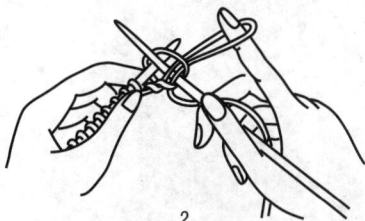

2

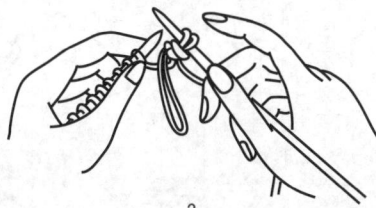

3

绵羊圈圈针

编织简述：

织一个长方形的大片，相应位置留开口为袖口，从开口处挑针向下织正针后改织扭针单罗纹形成袖子。

编织步骤：

❤ 用6号针起116针往返织3cm扭针单罗纹。

❤ 中间96针织鸳鸯花和3反针，领一侧8针锁链针，下摆处12针锁链针。

❤ 总长至21cm时领8针锁链针改织绵羊圈圈针。

❤ 总长至33cm时，左76针右40针分片织13cm后再合针织完整片，形成的开口是袖窿口，两开口间距33cm。

❤ 其他按原方法编织，两头对称。

❤ 袖从开口处用6号针挑50针环形织26cm正针，并隔11行减1次针减4次，余42针改织18cm扭针单罗纹，收机械边。

扭针单罗纹
3cm
18cm
锁链针
门襟
左前 33cm
6号针
13cm
锁链针
13 鸳鸯花
3 反针
后背 33cm
绵羊圈圈针
领
83cm
下摆
13cm
76针
40针
右前 33cm
门襟
锁链针
8针
18cm
6号针
96针
12针
起116针
扭针单罗纹
3cm

挑50针
6号针
11-1-4
袖
正针
11-1-4
26cm
余42针
扭针单罗纹
18cm

35

材　　料：
286规格纯毛粗线

用　　量：
550g

工　　具：
6号针

尺寸（cm）：
以实物为准

平均密度：
10cm² =21针×24行

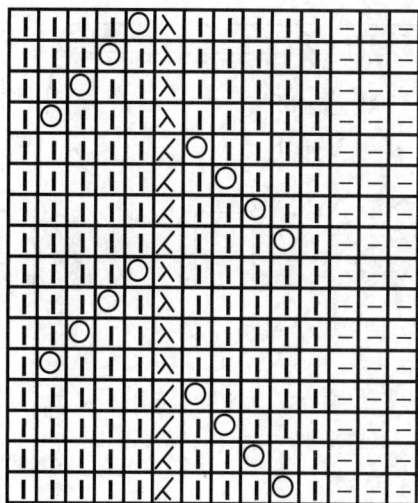

13针鸳鸯花和3针反针

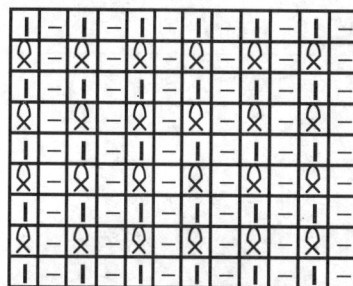

扭针单罗纹

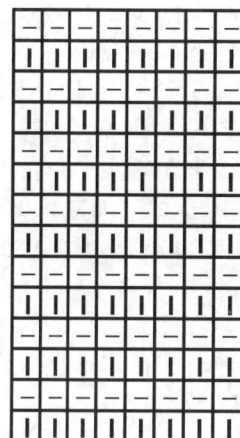

锁链针

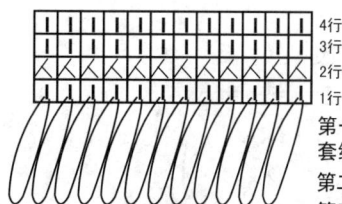

绵羊圈圈针

第一行：右食指绕双线织正针，然后把线
套绕到正面，按此方法织第2针。
第二行：由于是双线所以2针并1针织正针。
第三、四行：织正针，并拉紧线套。
第五行以后重复第一到第四行。

1

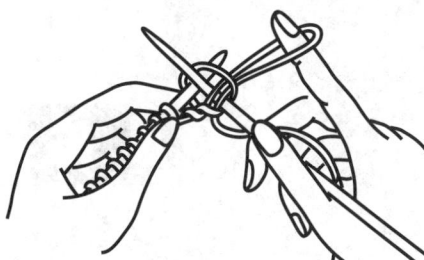

2

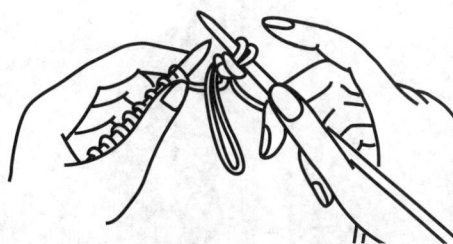

3

绵羊圈圈针

编织简述：

从下摆起针后往返向上直织，相应长后减袖窿，将大片分成三小片织，合针后向上直织，形成的开口为袖窿口；袖口起针后环形向上织，并在袖腋处规律加针至腋下，减袖山后余针平收，与袖窿口整齐缝合。

编织步骤：

♥ 用6号针起164针往返织5cm阿尔巴尼亚罗纹针。

♥ 按整体排花向上直织30cm后减袖窿，①平收腋正中8针，②隔1行减1针减4次，袖窿口长度至18cm时，在开口上方平加6针，整片合成144针向上直织20cm后，改织5cm扭针单罗纹后收机械边。

♥ 另线从袖口处起40针，环形织10cm阿尔巴尼亚罗纹针后按排花向上织，并在袖腋处隔13行加1次针，每次加2针，共加4次，总长至44cm时减袖山，①平收腋正中8针，②隔1行减1针减12次，余针平收，与正身袖窿口整齐缝合。

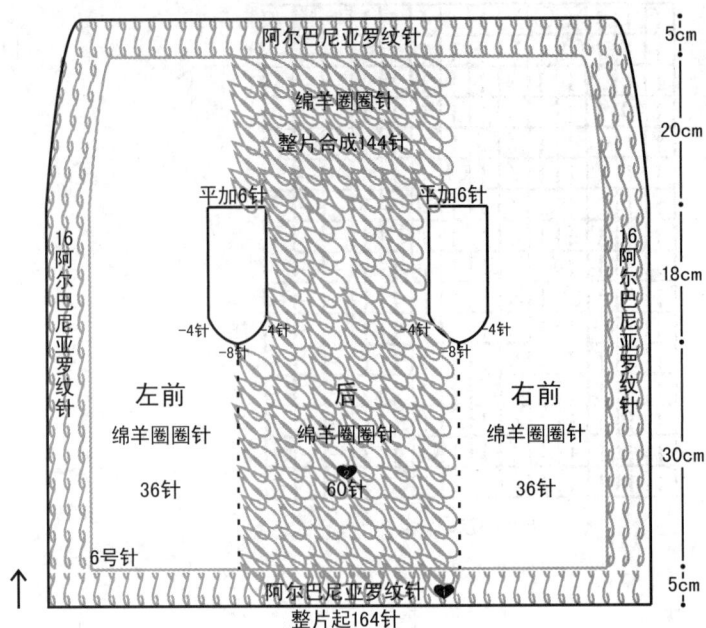

阿尔巴尼亚罗纹针
绵羊圈圈针
整片合成144针
平加6针　平加6针
-4针　-4针　-4针　-4针
-8针　-8针
16阿尔巴尼亚罗纹针
左前　后　右前
绵羊圈圈针　绵羊圈圈针　绵羊圈圈针
36针　60针　36针
6号针
阿尔巴尼亚罗纹针
整片起164针
5cm　20cm　18cm　30cm　5cm

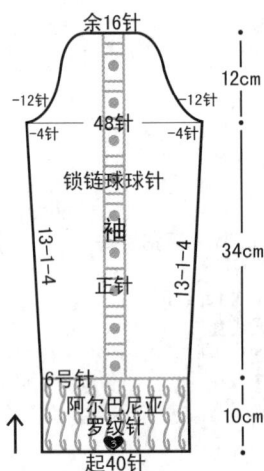

余16针
-12针　12cm　-12针
48针
-4针　-4针
锁链球球针
袖
正针
13-1-4　34cm　13-1-4
6号针
阿尔巴尼亚罗纹针
10cm
起40针

袖子排花：

1　7　1
反　锁　反
针　链　针
　　球
　　球
　　针
　　31
　　正针

温馨Tips：
锁链球球针注意紧收针，小·球球会立体而形象。

36

材　料：
278规格纯毛粗线

用　量：
600g

工　具：
6号针

尺寸（cm）：
以实物为准

平均密度：
10cm²=20针×24行

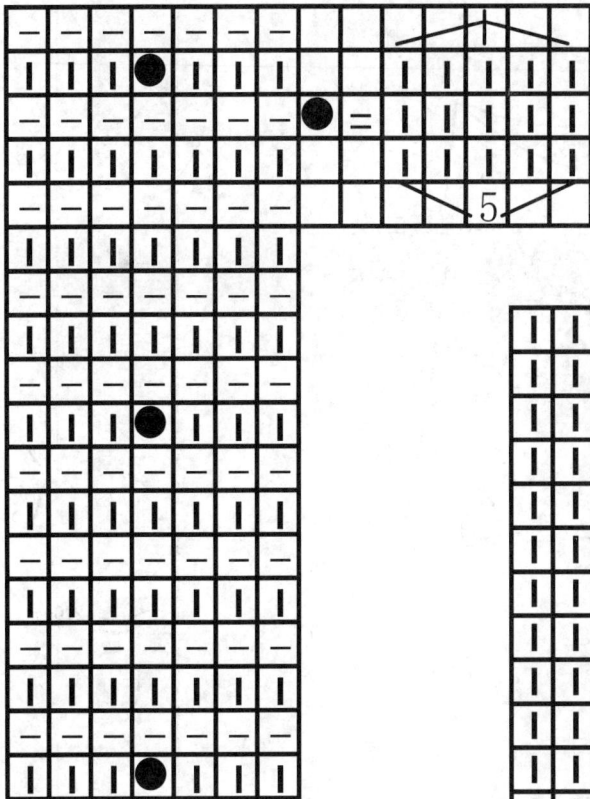

锁链球球针

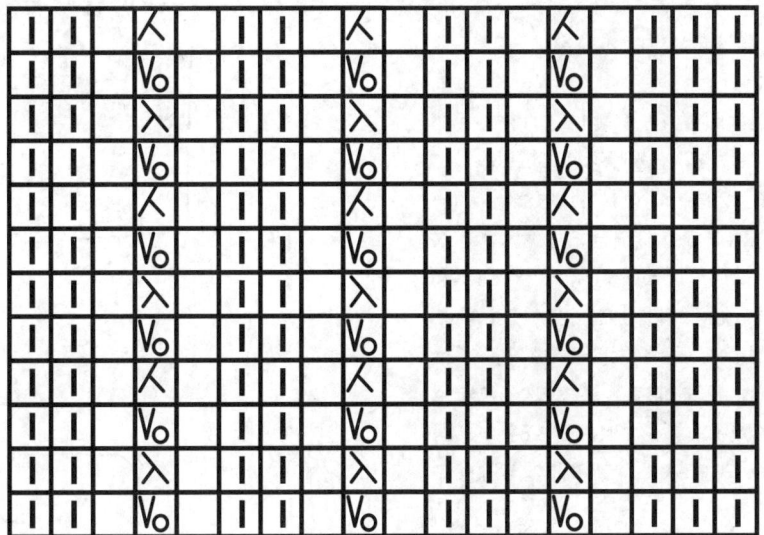

阿尔巴尼亚罗纹针

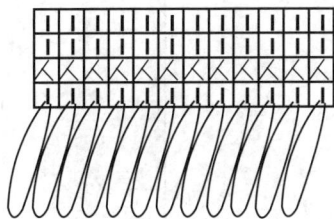

4行
3行
2行
1行

绵羊圈圈针

第一行：右食指绕双线织正针，然后把线套绕到正面，按此方法织第2针。
第二行：由于是双线所以2针并1针织正针。
第三、四行：织正针，并拉紧线套。
第五行以后重复第一到第四行。

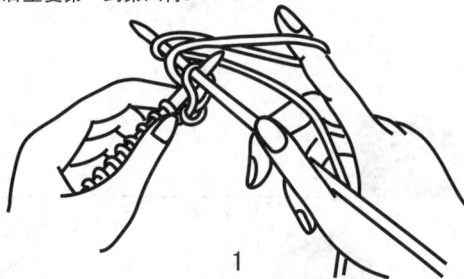
1

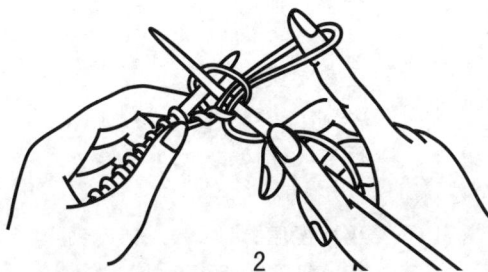
2

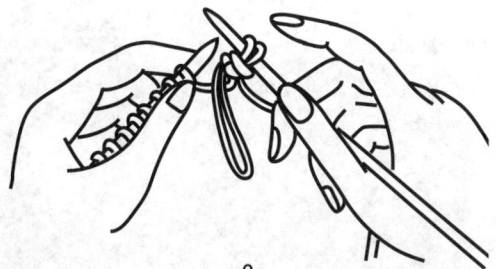
3

绵羊圈圈针

整体排花：

16	132	16
阿尔巴尼亚罗纹针	绵羊圈圈针	阿尔巴尼亚罗纹针

编织简述：

按花纹织一个长条，将长条螺旋缝合后形成正身袖窿口和领口，最后将织好的袖子与袖窿口整齐缝合。

编织步骤：

❤ 用6号针起4针往返向上织1正针和3针绵羊圈圈针。

❤ 在绵羊圈圈针一侧隔1行加1针，共加20次，整片共24针按排花向上往返织。

❤ 总长至286cm时收针形成长条。

❤ 按图将长条螺旋缝合，注意两侧各取22cm不缝而形成袖窿口。

❤ 袖口用6号针起36针环形织12cm绵羊圈圈针后改织正针，同时在袖腋处隔11行加1次针，每次加2针，共加7次，总长至44cm时减袖山，①平收腋正中8针，②隔1行减1针减13次，余针平收，与袖窿口整齐缝合。

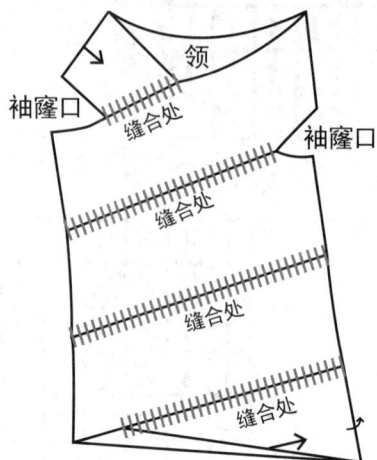

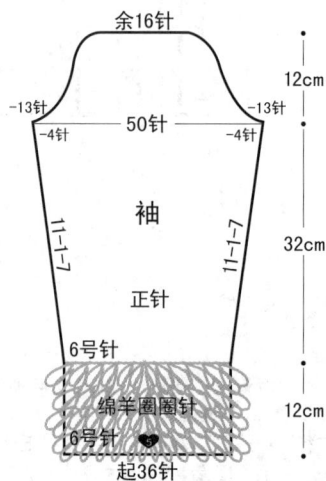

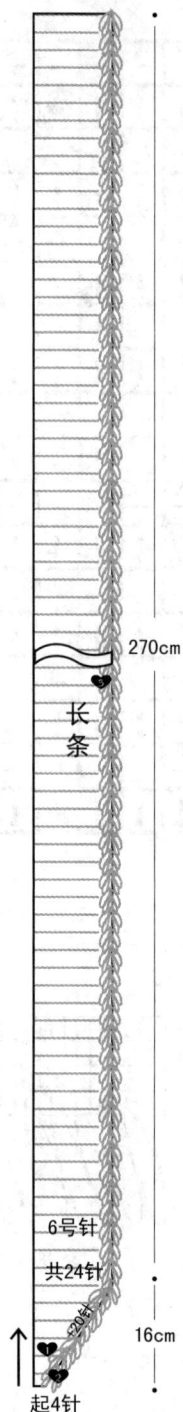

温馨Tips：

每次加针时，注意加在绵羊圈圈针的左侧。

领

袖窿口   缝合处   袖窿口

缝合处

缝合处

缝合处

长条

270cm

余16针

12cm

−13针   50针   −13针
−4针   −4针

袖

32cm

11-1-7   11-1-7

正针

6号针

绵羊圈圈针

6号针

起36针

12cm

6号针
共24针

16cm

起4针

37

材　料：
278规格纯毛粗线

用　量：
450g

工　具：
6号针

尺寸（cm）：
以实物为准

平均密度：
10cm² = 19针 × 25行

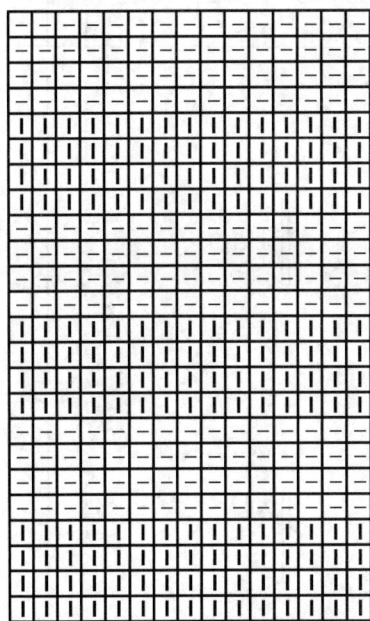

宽锁链针

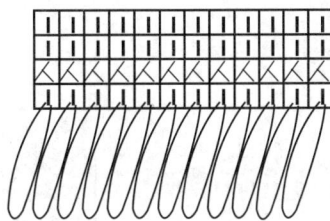

4行
3行
2行
1行

绵羊圈圈针

第一行：右食指绕双线织正针，然后把线套绕到正面，按此方法织第2针。
第二行：由于是双线所以2针并1针织正针。
第三、四行：织正针，并拉紧线套。
第五行以后重复第一到第四行。

长条排花：

20	3	1
宽锁链针	绵羊圈圈针	正针

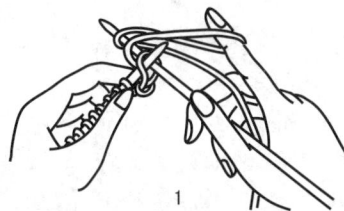

1

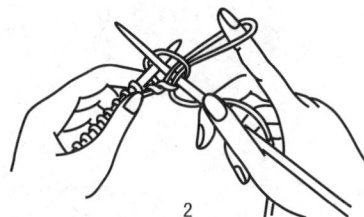

2

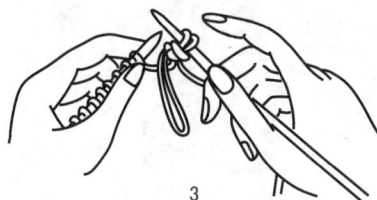

3

绵羊圈圈针

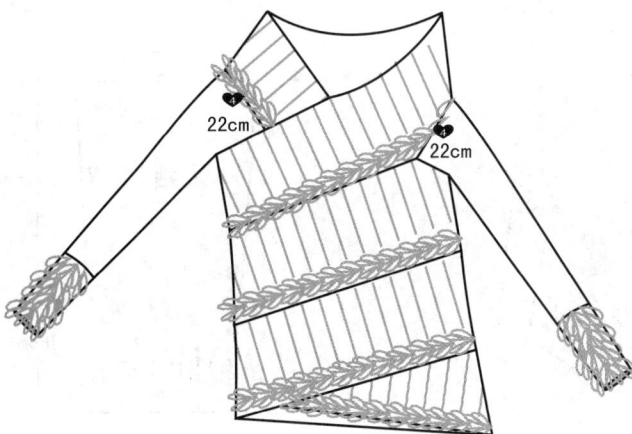

22cm   22cm

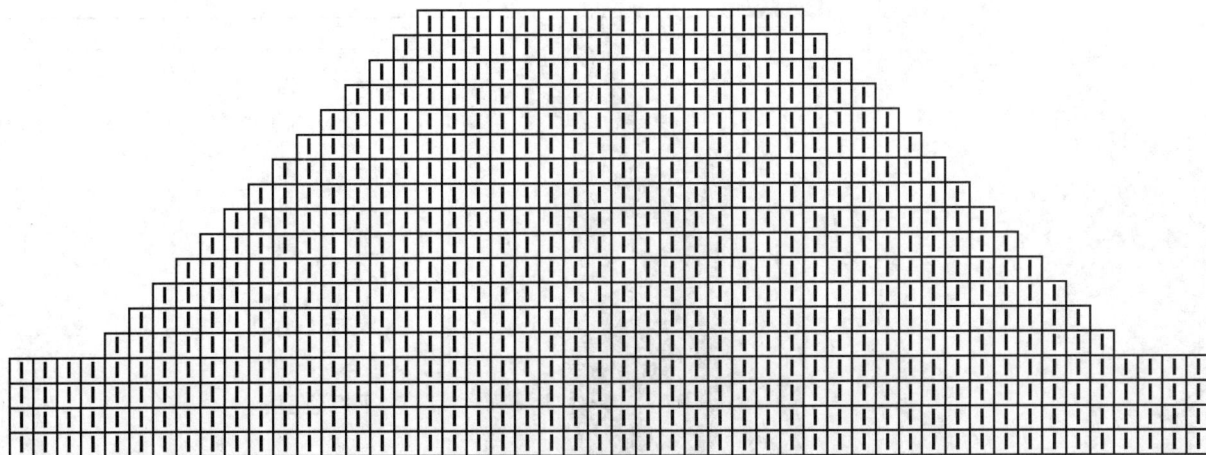

袖山减针方法

编织简述：

织一个长方形的大片，相应位置留开口为袖口，从开口处挑针向下织正针后改织扭针单罗纹形成袖子。

编织步骤：

♥ 用6号针起116针往返织3cm扭针单罗纹。

♥ 中间96针织8针绵羊圈圈针和8针星针，领一侧8针锁链针，下摆处12针锁链针。

♥ 总长至21cm时领8针锁链针改织绵羊圈圈针。

♥ 总长至33cm时，左76针右40针分片织13cm后再合针织完整片，形成的开口是袖口，两开口间距33cm。

♥ 其他按原方法编织，两头对称。

♥ 袖从开口处用6号针挑50针环形织26cm正针，并隔11行减1次，每次减2针，减4次，余42针改织18cm扭针单罗纹，收机械边。

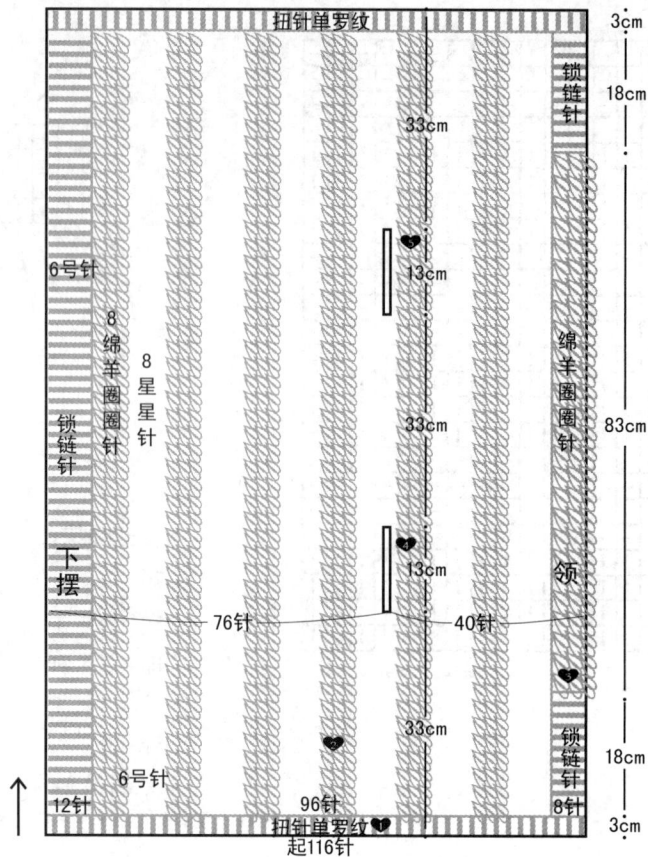

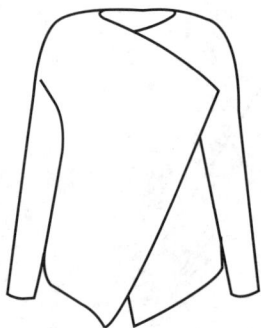

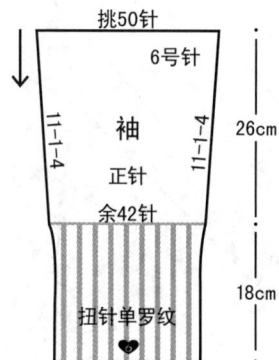

温馨Tips：

在开口处挑针时，第一行要针针挑出，特别是接线处，要挑紧密，第二行时再减至需要的针目，接缝处会非常整齐。

38

材　料：
286规格纯毛粗线

用　量：
550g

工　具：
6号针

尺寸（cm）：
以实物为准

平均密度：
10cm²=21针×24行

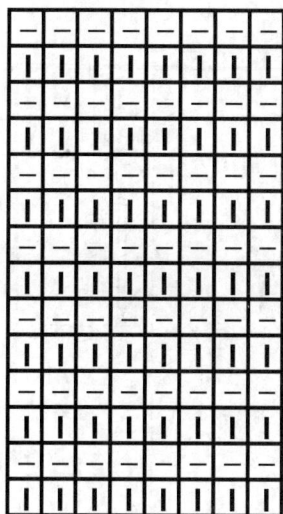

锁链针

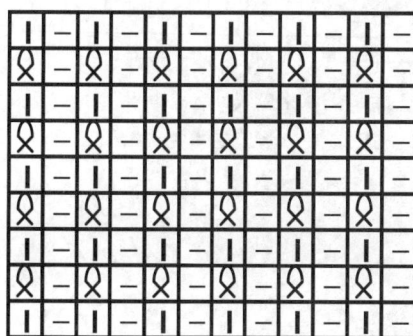

扭针单罗纹

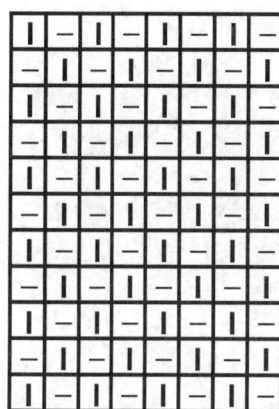

星星针

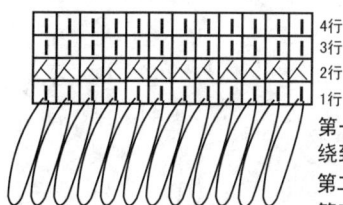

绵羊圈圈针

第一行：右食指绕双线织正针，然后把线套绕到正面，按此方法织第2针。
第二行：由于是双线所以2针并1针织正针。
第三、四行：织正针，并拉紧线套。
第五行以后重复第一到第四行。

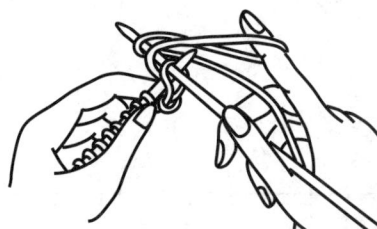

1

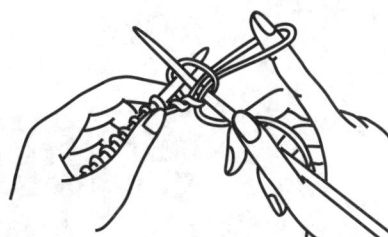

2

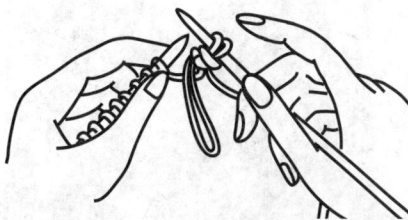

3

绵羊圈圈针

编织简述：

按图织一个长方形大片，在相应位置平收针后分三片向上织相应长，然后再平加针合成大片按花纹织，形成的两个开口为袖窿口；另线起针织袖子，与袖窿口缝合。

编织步骤：

💗 用6号针起196针往返织12cm扭针双罗纹。

💗 按正身排花往返织22cm，取两腋正中各平收2针向上直织14cm后，再平加2针并合成大片向上织18cm扭针双罗纹后收双双机械边，形成的开口为袖窿口。

💗 用6号针从袖口起40针环形织8cm扭针双罗纹后，按袖子排花环形向上织，并在袖腋处隔13行加1次针，每次加2针，共加4次，总长至42cm时减袖山，①平收腋正中8针，②隔1行减1针减12次，余针平收，与正身的袖窿口缝合。

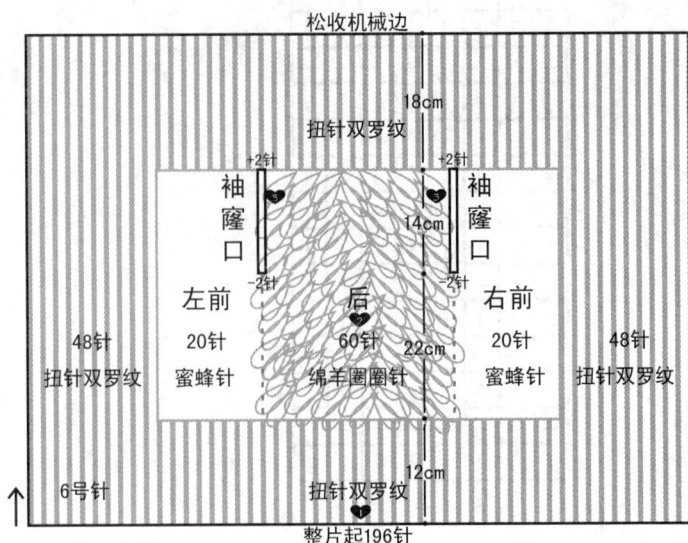

松收机械边
18cm
扭针双罗纹
+2针   +2针
袖窿口 14cm 袖窿口
-2针   -2针
左前   后   右前
48针   20针 60针 20针 48针
扭针双罗纹 蜜蜂针 绵羊圈圈针 蜜蜂针 扭针双罗纹
22cm
12cm
6号针   扭针双罗纹
整片起196针

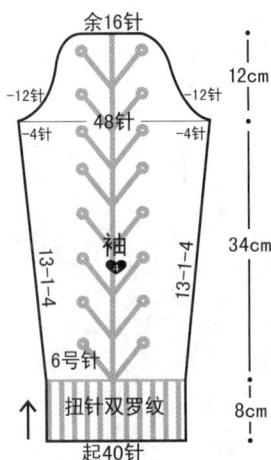

余16针
12cm
-12针   -12针
48针
-4针   -4针
13-1-4   13-1-4
袖
34cm
6号针
扭针双罗纹
起40针
8cm

袖子排花：

5   16   5
星   小   星
星   树   星
针   结   针
     果
     针
     14
     正针

39

材　料：
278规格纯毛粗线

用　量：
600g

工　具：
6号针

尺寸（cm）：
以实物为准

平均密度：
$10cm^2$=20针×24行

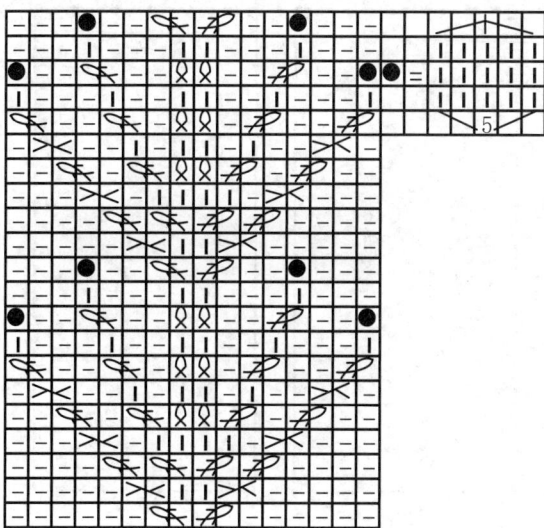

小树结果针

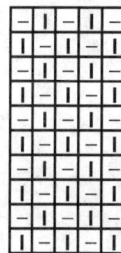

星星针

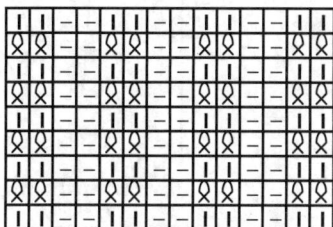

扭针双罗纹

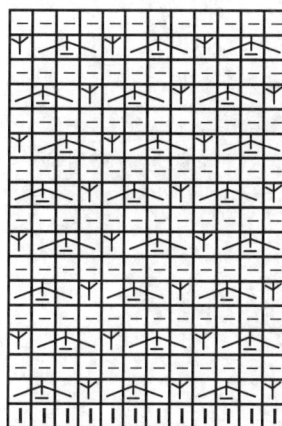

蜜蜂针

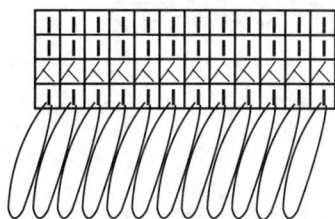

4行
3行
2行
1行

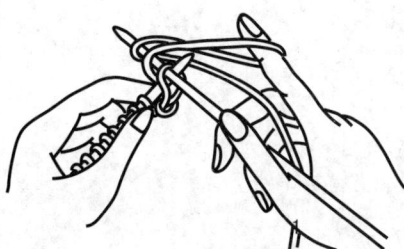

绵羊圈圈针

第一行：右食指绕双线织正针，然后把线套绕到正面，按此方法织第2针。
第二行：由于是双线所以2针并1针织正针。
第三、四行：织正针，并拉紧线套。
第五行以后重复第一到第四行。

正身排花：

48	20	60	20	48
扭针双罗纹	蜜蜂针	绵羊圈圈针	蜜蜂针	扭针双罗纹

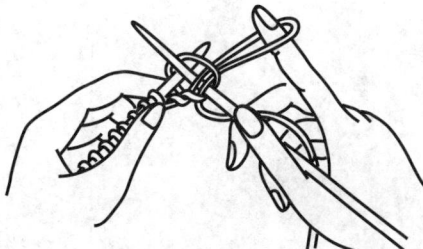

2

绵羊圈圈针

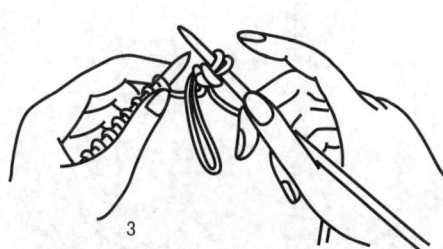

3

编织简述：

　　按要求织5个大小不等的长方形，按相同字母缝合各处后形成披肩。

编织步骤：

❤ 用6号针起128针按长方形排花往返向上织30cm后收针形成长方形片，共织两个相同大小的长方形片。

❤ 用6号针另线起37针按图解往返织四方凤尾花，形成边长18cm的正方形时收针。

❤ 另线用6号针起54针，按V形排花往返向上织12cm后，从中间均分两份分别往返向上织18cm后收针形成V形片。

❤ 另线用6号针起22针往返向上织66cm绵羊圈圈针后收针形成短围巾。

❤ 将完成的5个大小不等的长方形按相同字母相互缝合形成披肩。

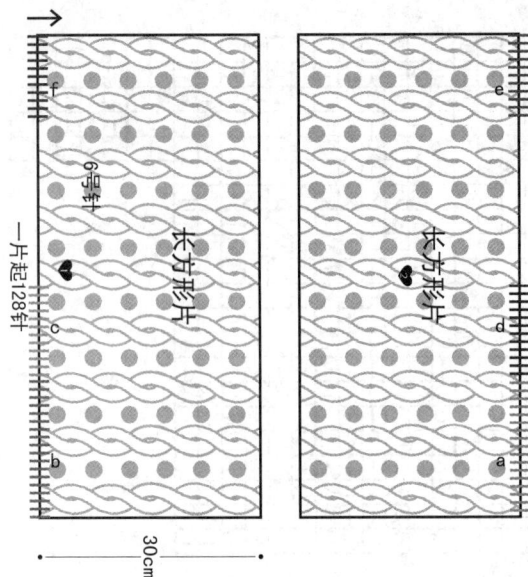

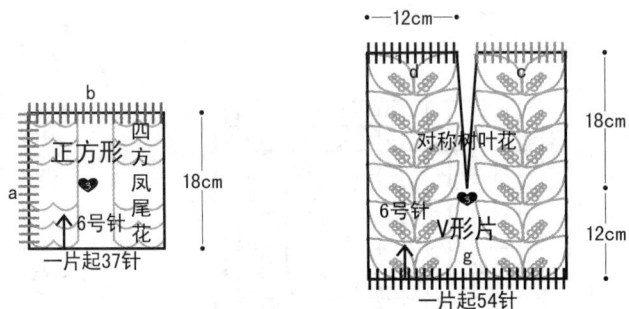

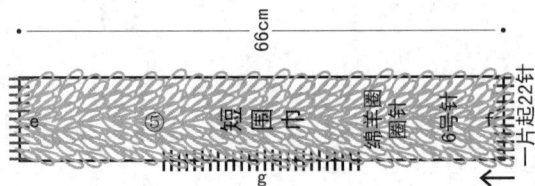

温馨TiPS：

　　缝合各处时注意手法适当，否则影响服装穿着舒适度。

40

材　　料：

278规格纯毛粗线

用　　量：

500g

工　　具：

6号针

尺寸（cm）：

以实物为准

平均密度：

$10cm^2 = 19针 \times 25行$

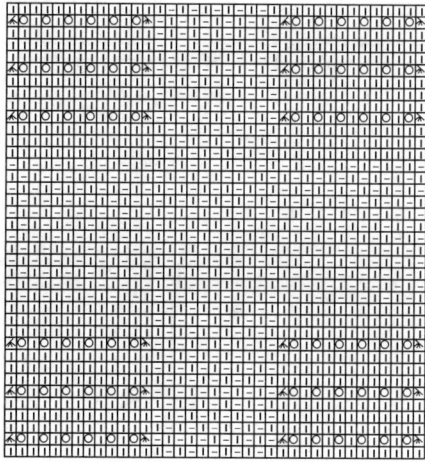
四方凤尾花

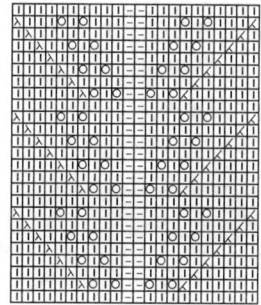
对称树叶花

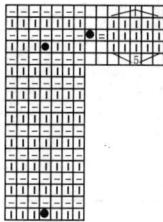
锁链球球针

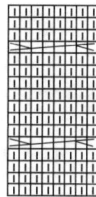
麻花针

V形片排花：

22	10	22
对称树叶花	反针	对称树叶花

长方形片排花：

8	7	8	7	8	7	8	7	8	7	8	7	8	7	8	7	8
麻花针	锁链球球针	麻花针	锁链球球针	麻花针	锁链球球针	麻花针	锁链球球针	麻花针	锁链球球针	麻花针	锁链球球针	麻花针	锁链球球针	麻花针	锁链球球针	麻花针

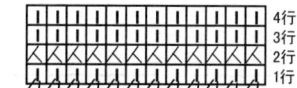
绵羊圈圈针

第一行：右食指绕双线织正针，然后把线套绕到正面，按此方法织第2针。
第二行：由于是双线所以2针并1针织正针。
第三、四行：织正针，并拉紧线套。
第五行以后重复第一到第四行。

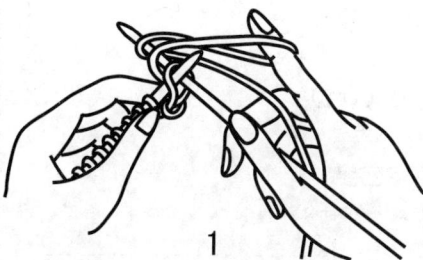
1

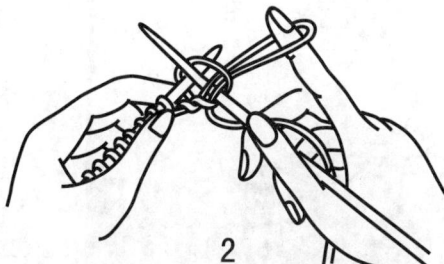
2

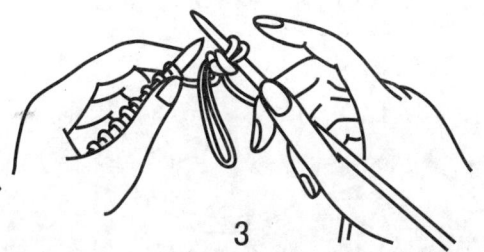
3

绵羊圈圈针

织一个长方形的大片，相应位置留开口为袖口，从开口处挑针向下织正针后改织扭针单罗纹形成袖子。

编织步骤：

♥ 用6号针起116针往返织3cm扭针单罗纹。

♥ 中间96针织12针狮子座针和4反针，领一侧8针锁链针，下摆处12针锁链针。

♥ 总长至21cm时领8针锁链针改织绵羊圈圈针。

♥ 总长至33cm时，左76针右40针分片织13cm后再合针织完整片，形成的开口是袖窿口，两开口间距33cm，两头对称后收针。

♥ 其他按原方法编织，两头对称。

♥ 袖从开口处用6号针挑50针环形织26cm正针，并隔11行减1次针，每次减2针减4次，余42针改织18cm扭针单罗纹，收机械边。

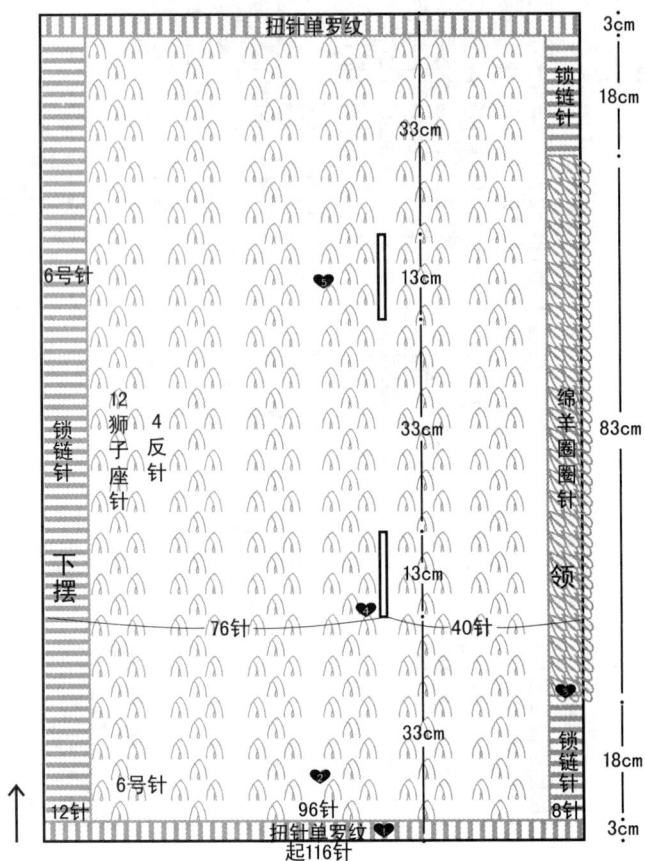

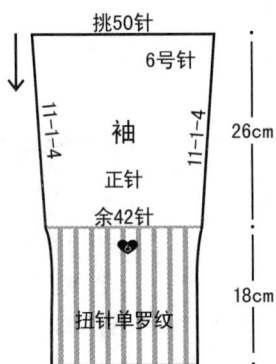

温馨Tips：

领边的绵羊圈圈针可以隔一行织一次，效果蓬松。

扭针单罗纹

33cm

6号针

13cm

12狮子座针

4反针

33cm

13cm

76针

40针

96针

6号针

12针

起116针

扭针单罗纹

锁链针

绵羊圈圈针

领

锁链针

锁链针

8针

下摆

3cm

18cm

83cm

18cm

3cm

挑50针

6号针

袖

正针

余42针

11-1-4

11-1-4

26cm

18cm

扭针单罗纹

41

材　　料：
286规格纯毛粗线

用　　量：
550g

工　　具：
6号针

尺寸（cm）：
以实物为准

平均密度：
$10cm^2$=21针×24行

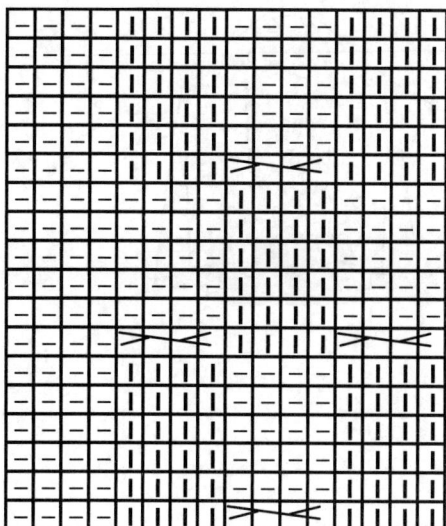

12狮子座针和4反针

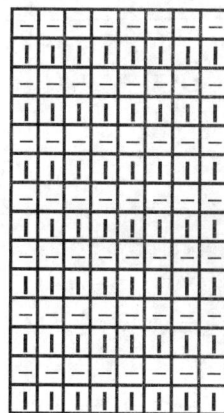

锁链针

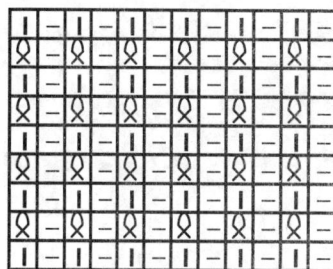

扭针单罗纹

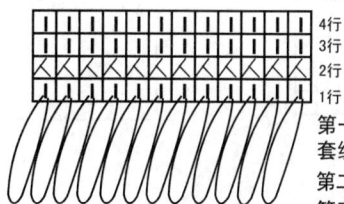

4行
3行
2行
1行

绵羊圈圈针

第一行：右食指绕双线织正针，然后把线套绕到正面，按此方法织第2针。

第二行：由于是双线所以2针并1针织正针。

第三、四行：织正针，并拉紧线套。

第五行以后重复第一到第四行。

1

2

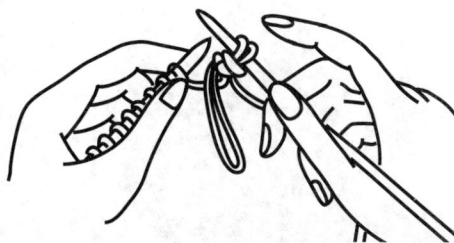

3

绵羊圈圈针

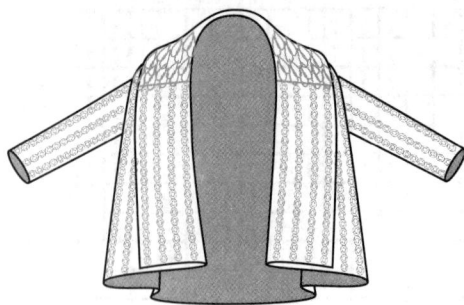

编织简述：

织一个长方形大片，分别减针后再加针形成开口，在此处环形挑针织袖子。

编织步骤：

❤ 用6号针起130针往返织，左右织5针桂花针，中间120针织金钱花至40cm。

❤ 不加减针改织绵羊圈圈针，左右5针桂花针不变。

❤ 织3cm绵羊圈圈针后，在中部12cm位置平收24针后再平加出24针，形成开口为袖口。

❤ 合针织50cm绵羊圈圈针后织第二个开口，最后向上织3cm绵羊圈圈针后改织40cm金钱花，收机械边。

❤ 分别从两个开口处环形挑42针织35cm金钱花为袖子，收机械边。

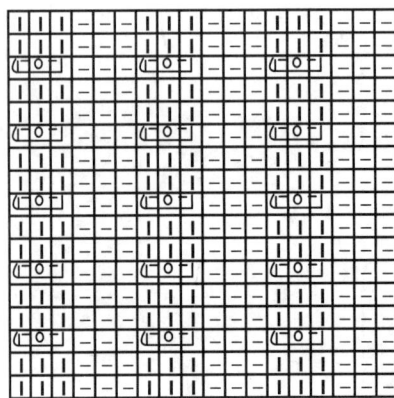

金钱花

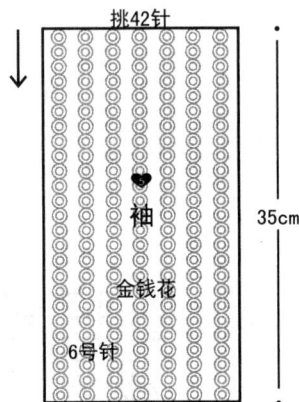

挑42针

35cm

袖

金钱花

6号针

42

材　料：
286规格纯毛粗线

用　量：
600g

工　具：
6号针

尺寸（cm）：
以实物为准

平均密度：
$10cm^2$=19针×24行

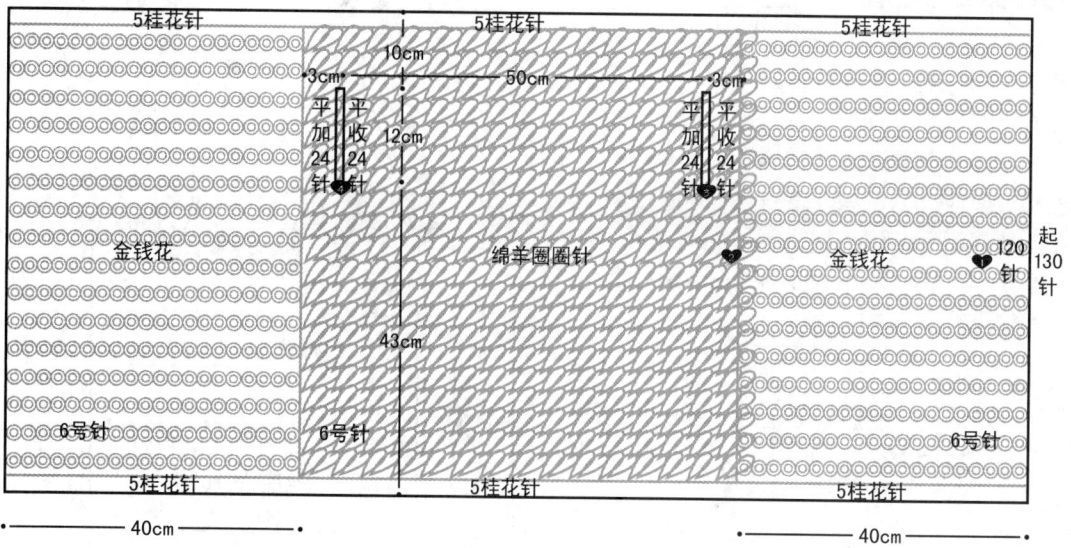

```
5桂花针          5桂花针              5桂花针
        10cm
   3cm          50cm        3cm
   平 平                     平 平
   加 收                     加 收
   24 24                    24 24        起
   针 针   12cm            针 针    120  130
                                      针   针
   金钱花        绵羊圈圈针        金钱花
            43cm

   6号针   6号针                   6号针
     5桂花针        5桂花针         5桂花针
   40cm                        40cm
```

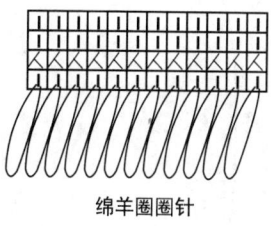

桂花针

4行
3行
2行
1行

绵羊圈圈针

第一行：右食指绕双线织正针，然后把线
套绕到正面，按此方法织第2针。
第二行：由于是双线所以2针并1针织正针。
第三、四行：织正针，并拉紧线套。
第五行以后重复第一到第四行。

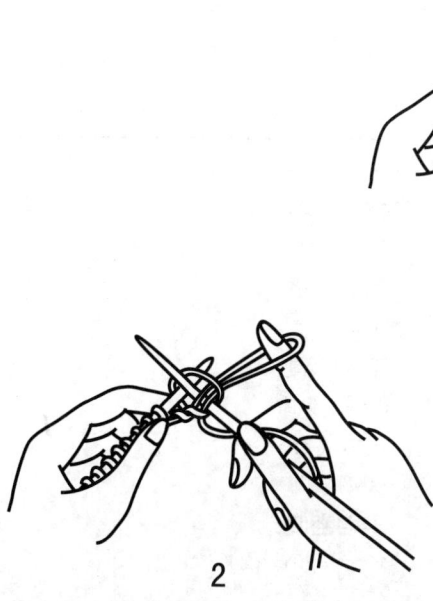

1

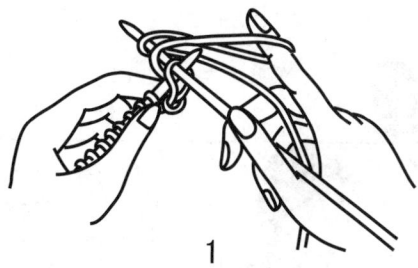

2

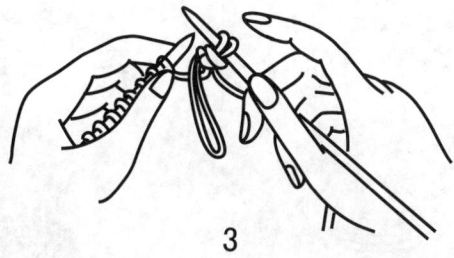

3

绵羊圈圈针

编织简述：

　　起针后往返织两个方片，在两方片之间平加针后合成大片往返向上织正身，减袖窿和减领口同时进行，前后肩头缝合后门襟依然向上织，至后脖正中时对头缝合形成领子；袖从肩部起针横织，完成后收针并将一部分对头缝合形成环形，在环形的一侧挑织袖子，最后与正身按泡泡袖方式缝合并在左右门襟处穿入丝带。

编织步骤：

♥ 用6号针起24针往返向上织10cm对扭麻花针形成方片，共织两个相同大小的方片。

♥ 在两个方片之间平加96针，整片共144针按排花往返向上织2cm后，将中间的96针扭针单罗纹改织12cm绵羊圈圈针后，再改织8cm正针，左右的对扭麻花针不变。

♥ 总长至32cm后，将中间的96针再改织16cm星星针后减袖窿，①平收腋正中8针，②隔1行减1针减3次，余针向上直织。

♥ 减袖窿的同时，在24针对扭麻花针的内侧减领口，①隔3行减1针减6次后，再隔1行减1针减6次，门襟的24针对扭麻花针不变。

♥ 前后肩头松缝合后，领部的24针对扭麻花不缝，向上直织至后脖正中时对头缝合形成后领。

♥ 袖子部分的肩头起47针，用6号针按排花往返织30cm后收针，并取相同字母各10cm缝合，缝合形成的圆环一侧挑出40针，用6号针环形织33cm正针后，换8号针织2cm扭针单罗纹收机械边形成袖子，然后将袖子与正身做泡泡袖缝合，最后将丝带穿入门襟。

温馨Tips：
　　袖与正身缝合时，注意将褶皱留在肩头。

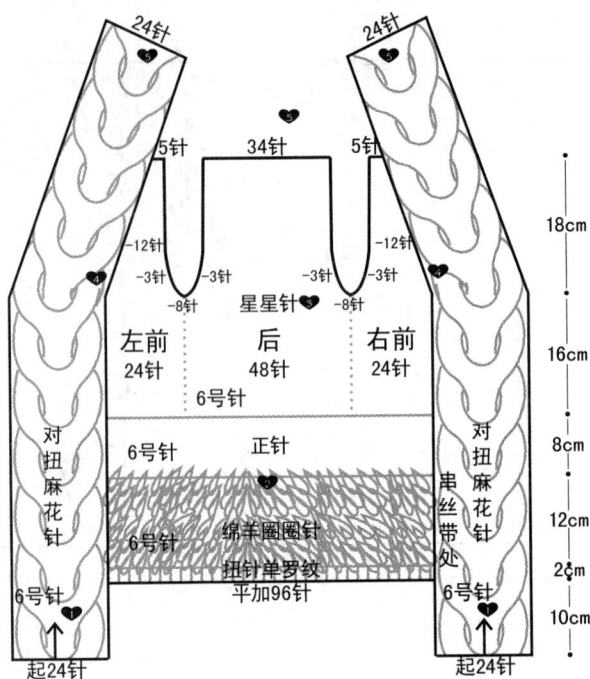

左前 24针　　后 48针　　右前 24针

6号针

6号针　　正针

绵羊圈圈针

扭针单罗纹
平加96针

对扭麻花针　　串丝带处　　对扭麻花针

6号针　　6号针

起24针　　起24针

24针　　24针

5针　　34针　　5针

-12针　　-12针
-3针　-3针　　-3针　-3针
-8针　　星星针　　-8针

18cm
16cm
8cm
12cm
2cm
10cm

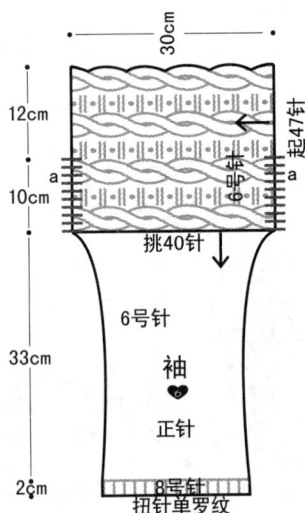

30cm

12cm
10cm

起47针
6号针
a　　a
挑40针

6号针
袖
正针
33cm

8号针
扭针单罗纹
2cm

43

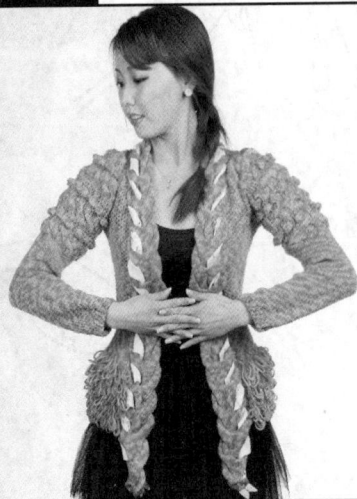

材　　料：
278规格纯毛粗线

用　　量：
500g

工　　具：
6号针　8号针

尺寸（cm）：
以实物为准

平均密度：
10cm²=20针×24行

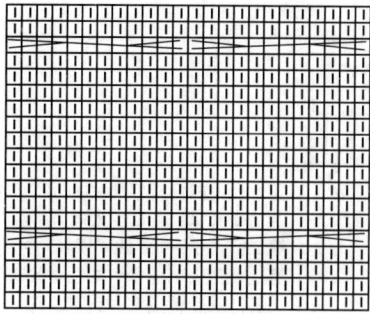

对扭麻花针

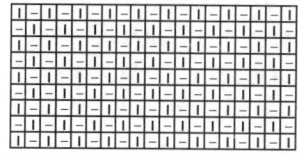

星星针

整体排花:

24	1	94	1	24
对扭麻花针	反针	扭针单罗纹	反针	对扭麻花针

肩头排花:

8	5	8	5	8	5	8
麻花针	锁链球球针	麻花针	锁链球球针	麻花针	锁链球球针	麻花针

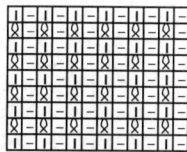

扭针单罗纹

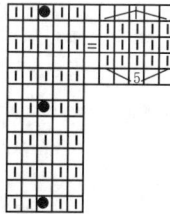

锁链球球针

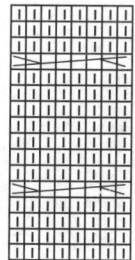

麻花针

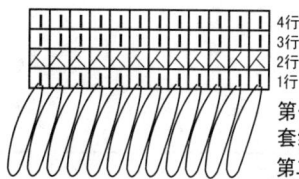

绵羊圈圈针

第一行: 右食指绕双线织正针, 然后把线套绕到正面, 按此方法织第2针。
第二行: 由于是双线所以2针并1针织正针。
第三、四行: 织正针, 并拉紧线套。
第五行以后重复第一到第四行。

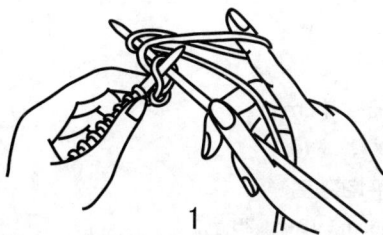

1

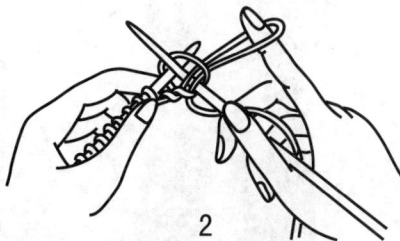

2

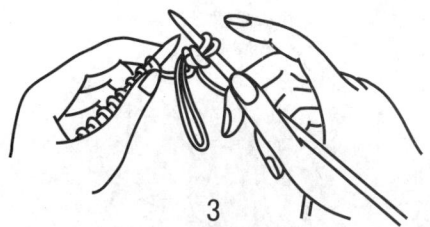

3

绵羊圈圈针

编织简述：

用6号针起40针往返织2cm扭针单罗纹后，改织30cm绵羊圈圈针，再换9号针改织10cm扭针单罗纹，最后再改织42cm绵羊圈圈针形成短围巾。

编织步骤：

❤ 织两个相同花纹的短围巾后，在绵羊圈圈针处对头缝合形成长围巾。

❤ 在长围巾正中40cm位置挑出68针，用6针往返织64cm桂花针后收平边形成后片。按相同字母各缝合44cm后形成背心，两侧的圆洞为袖窿口。

❤ 从袖窿口挑出88针用8号针环形织8cm扭针单罗纹后形成短袖口。用6号针往返织64cm桂花针后收平边形成后片。按相同字母各缝合44cm后形成背心，两侧的圆洞为袖窿口。

❤ 从袖窿口挑出88针用8号针环形织8cm扭针单罗纹后形成短袖口。用6号针往返织64cm桂花针后收平边形成后片。

❤ 按相同字母各缝合44cm后形成背心，两侧的圆洞为袖窿口。后形成背心，两侧的圆洞为袖窿口。

❤ 从袖窿口挑出88针用8号针环形织8cm扭针单罗纹。

❤ 从袖窿口挑出88针用8号针环形织8cm扭针单罗纹后形成短袖口。

温馨Tips:

因为绵羊圈圈针有线套向下垂直的特点，为保持左右前片对称，应分别织两条短围巾，在收针处对头缝合，花纹朝向整齐一致。

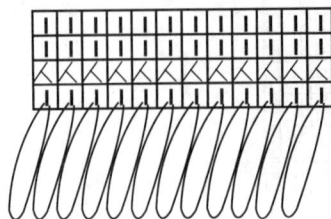

4行
3行
2行
1行

绵羊圈圈针

第一行：右食指绕双线织正针，然后把线套绕到正面，按此方法织第2针。
第二行：由于是双线所以2针并1针织正针。
第三、四行：织正针，并拉紧线套。
第五行以后重复第一到第四行。

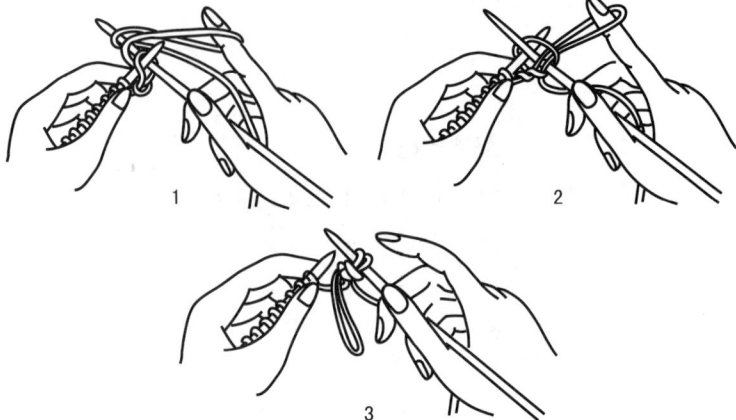

1

2

3

绵羊圈圈针

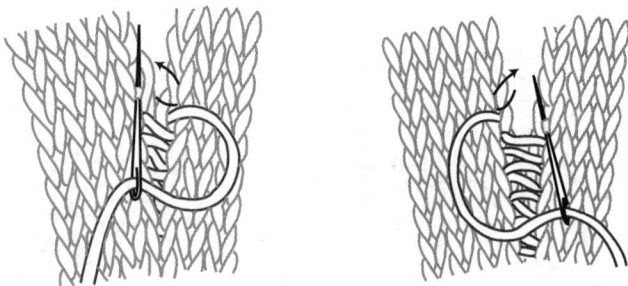

竖缝合方法

44

材　　料：
278规格纯毛粗线

用　　量：
600g

工　　具：
6号针 8号针 9号针

尺寸（cm）：
以实物为准

平均密度：
10cm²=19针×25行

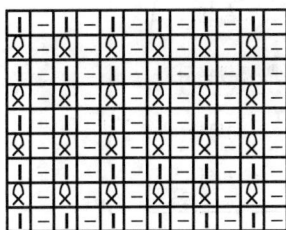

扭针单罗纹

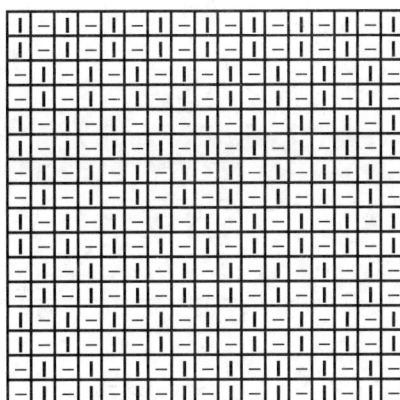

桂花针

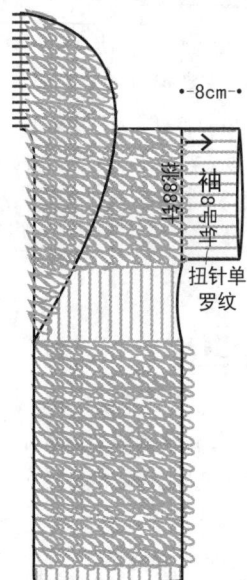

织挑针方法

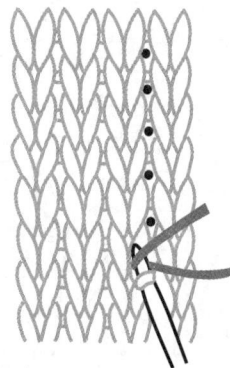
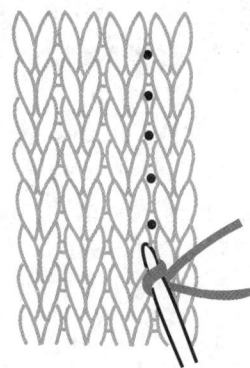

织挑针方法

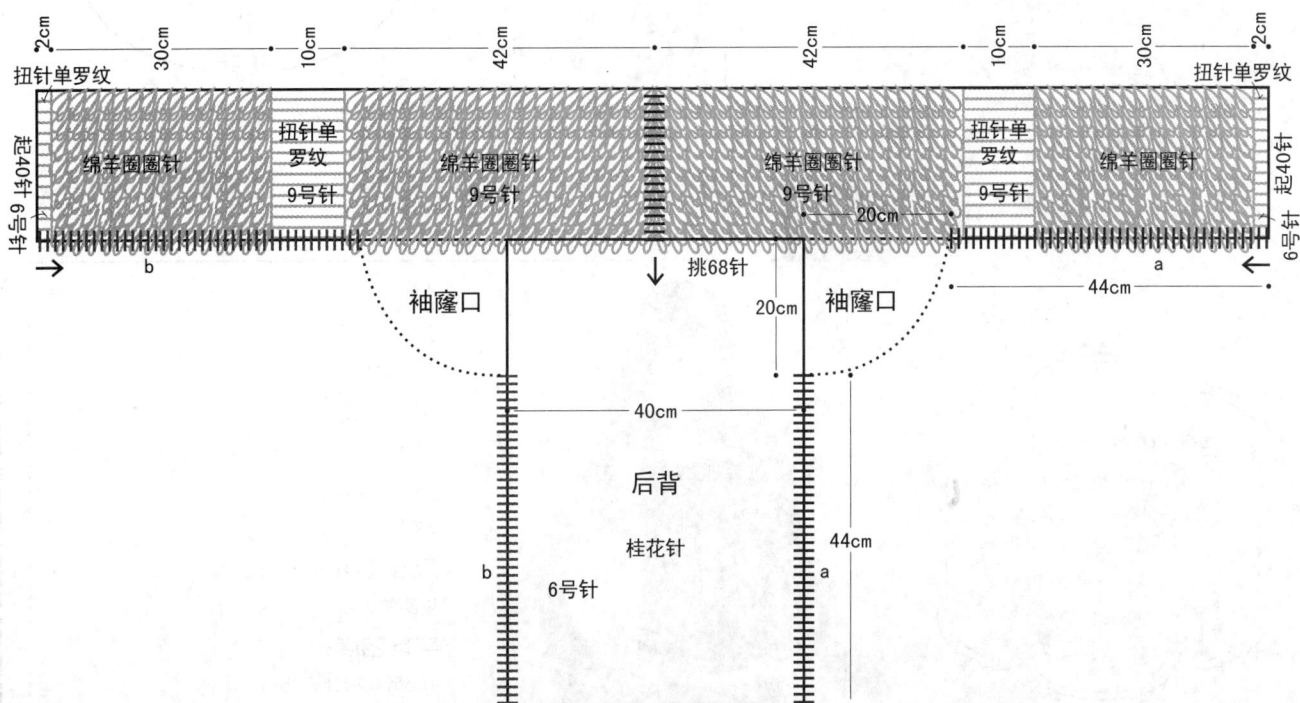

后背

桂花针

6号针

编织简述：

从下摆起针后往返向上织大片，先减领口后减袖窿，前后肩头缝合后，另线起针织领子，与领口整齐缝合；袖口起针后环形向上织，同时在袖腋处规律加针至腋下，减袖山后余针平收，与正身整齐缝合。

编织步骤：

❤ 用8号针起130针往返织3cm桂花针。

❤ 换6号针按排花往返织20cm后减领口，①在领一侧隔5行减1针减8次，②余针向上直织。

❤ 总长至35cm时减袖窿，①平收腋正中10针，②隔1行减1针减5次。前后肩头缝合后，另线起100针用6号针往返织1cm扭针双罗纹后，改织16cm绵羊圈圈针，将收针处与领口处整齐缝合。

❤ 袖口用6号针起40针环形织12cm绵羊圈圈针后按排花向上织，同时在袖腋处隔15行加1次针，每次加2针，共加4次，总长至42cm时减袖山，①平收腋正中10针，②隔1行减1针减13次。余针平收，与正身整齐缝合。

温馨Tips：
由于绵羊圈圈针的特点，领片需要重新起针后再与领口缝合，如果直接挑织领子，皮草效果将受影响。

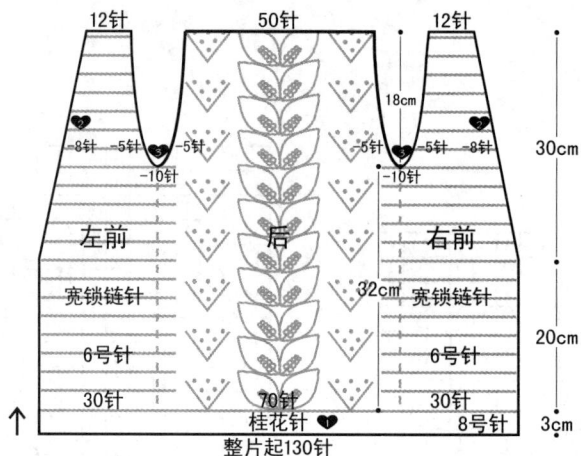

12针　50针　12针
18cm
-8针 -5针 -5针　　-5针 -5针 -8针
-10针　　　-10针
左前　　后　　右前
30cm
宽锁链针　32cm　宽锁链针
6号针　　　　　6号针　20cm
30针　70针　30针
桂花针
整片起130针　8号针　3cm

正身排花：

40	1	12	1	22	1	12	1	40
宽锁链针	反针	V形花纹	反针	对称树叶花	反针	V形花纹	反针	宽锁链针

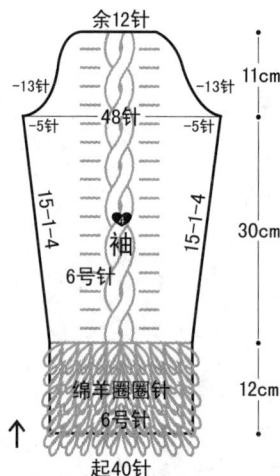

余12针
-13针　　　-13针　11cm
-5针 48针 -5针
15-1-4　　　15-1-4　30cm
袖
6号针
绵羊圈圈针　12cm
6号针
起40针

袖子排花：

1	5	1	8	1	5	1
反针	宽锁链针	反针	麻花针	反针	宽锁链针	反针

18
正针

45

材　料：
273规格纯毛粗线

用　量：
400g

工　具：
6号针　8号针

尺寸（cm）：
以实物为准

平均密度：
10cm² = 20针 × 25行

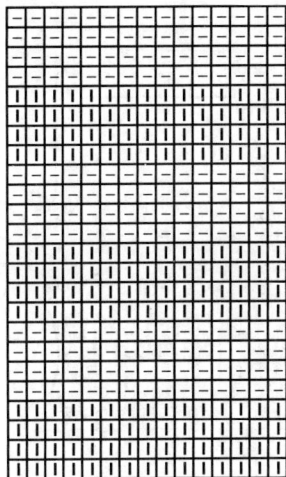

宽锁链针

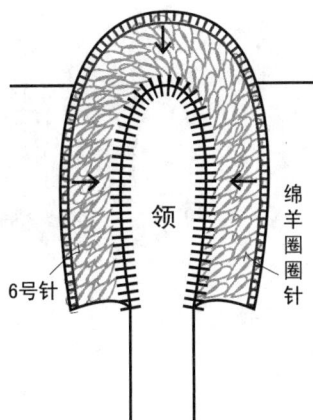

领　6号针　绵羊圈圈针

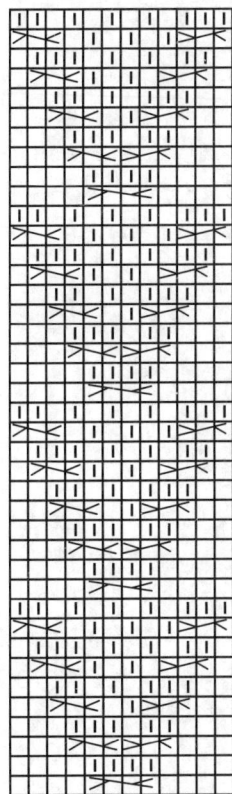

V形花纹

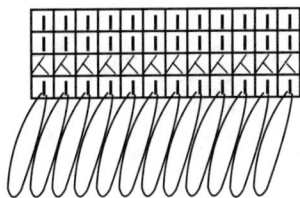

绵羊圈圈针

4行
3行
2行
1行

第一行：右食指绕双线织正针，然后把线
套绕到正面，按此方法织第2针。
第二行：由于是双线所以2针并1针织正针。
第三、四行：织正针，并拉紧线套。
第五行以后重复第一到第四行。

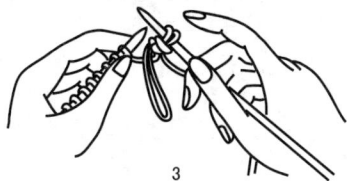

1　　2

3

绵羊圈圈针

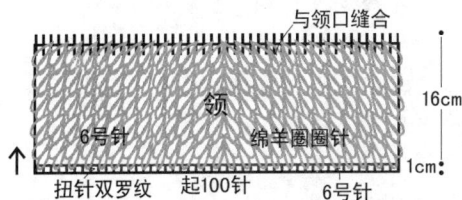

与领口缝合

领
6号针　绵羊圈圈针

16cm

1cm

扭针双罗纹　起100针　6号针

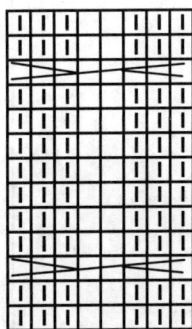

麻花针

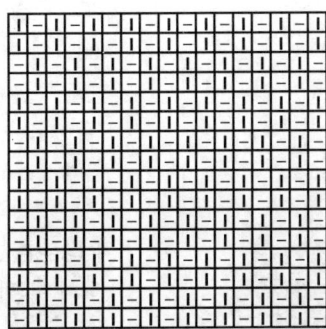

桂花针

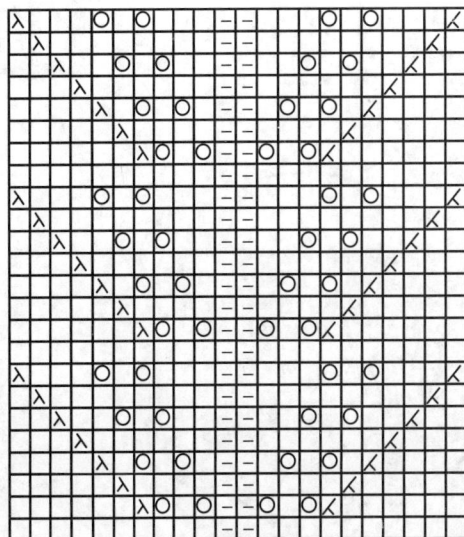

对称树叶花

163

编织简述：

从下摆起针后环形向上织，先减袖窿后减领口，前后肩头缝合后挑织领子；袖口起针后环形向上织，统一加针后形成泡泡袖效果，至腋下减袖山，最后平收余针，与正身缝合。

编织步骤：

♥1 用6号针起112针环形织5cm绵羊圈圈针。

♥2 不换针改织12cm扭针单罗纹后，再改织12cm正针，总长至29cm时减袖窿，①平收腋正中8针，②隔1行减1针减4次。

♥3 距后脖12cm时减领口，①平收领正中24针，②余针向上直织。后片距后脖2cm时，取正中24针平收，余针向上直织，前后肩头缝合后，从领口处挑出136针用9号针环形织4cm扭针单罗纹后收机械边形成方领。

♥4 袖口用8号针起40针环形织34cm扭针单罗纹后，换6号针统一加至56针改织绵羊圈圈针，总长至44cm时减袖山，①平收腋正中8针，②隔1行减1针减13次。余针平收，与正身整齐缝合。

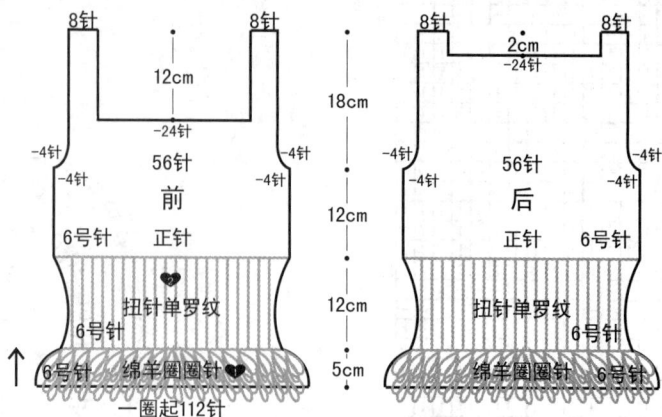

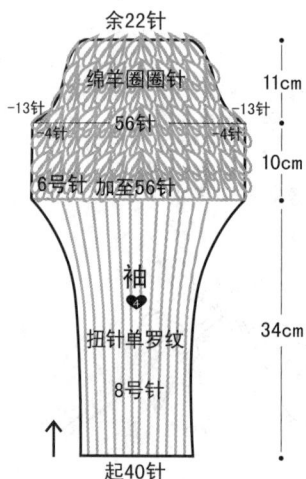

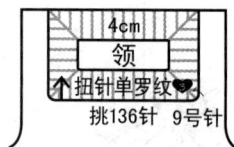

温馨TiPS：

织方领时注意，在四个角各取1针做减针点，在减针点的左右每行减1针。

46

材料：
278规格纯毛粗线

用量：
400g

工具：
6号针 8号针 9号针

尺寸（cm）：
以实物为准

平均密度：
$10cm^2 = 19针 \times 24行$

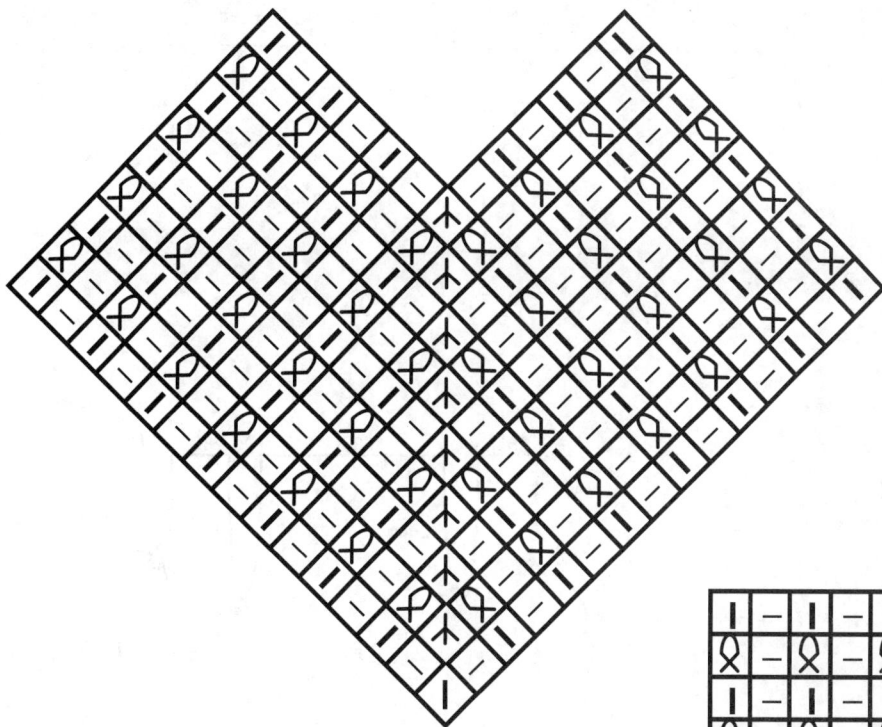

方领领尖织法

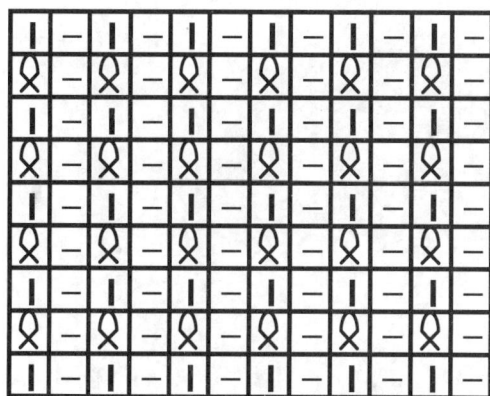

扭针单罗纹

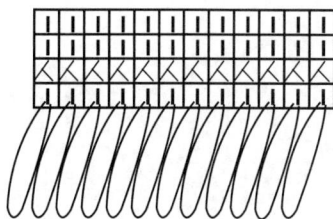

4行
3行
2行
1行

绵羊圈圈针

第一行：右食指绕双线织正针，然后把线套绕到正面，按此方法织第2针。

第二行：由于是双线所以2针并1针织正针。

第三、四行：织正针，并拉紧线套。

第五行以后重复第一到第四行。

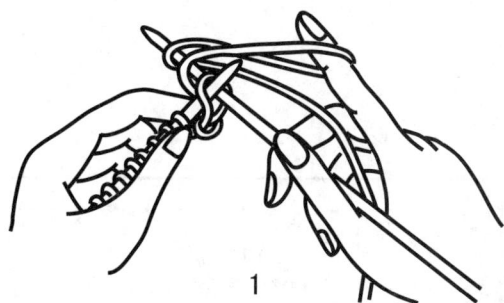

1

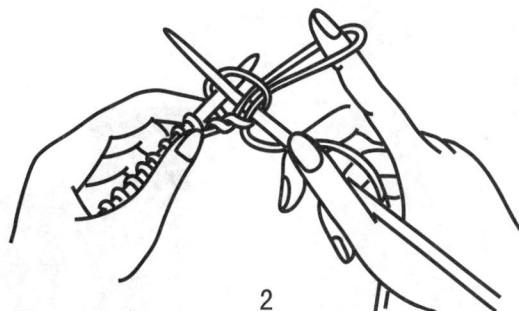

2

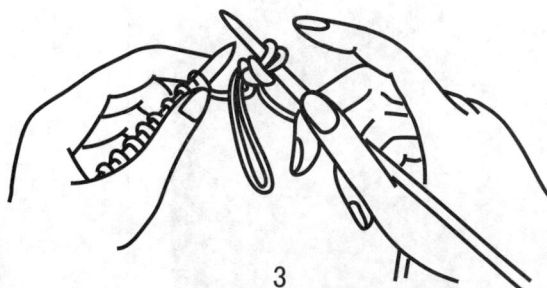

3

绵羊圈圈针

编织简述：

从下向上整片织，腋下减针和领口减针同时进行，缝合肩头后完成。

编织步骤：

♥ 用6号针绕起176针往返织2cm双罗纹后，改织绵羊圈圈针，隔1行隔1针做1次圈。

♥ 织30cm后，分针织腋下：①平收腋正中8针，②隔1行减1针减6次，袖窿高20cm。

♥ 领与腋下同时减针，①隔1行减1针减6次，余针向上直织与后肩头缝合。

温馨TiPs：

注意圈圈不要过长，控制在3·4cm之间。

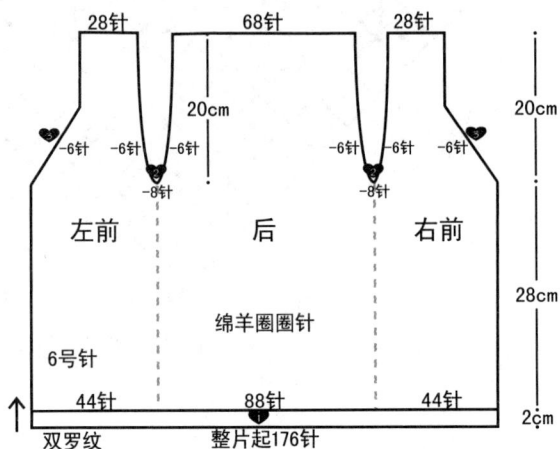

28针	68针	28针

20cm

20cm

-6针 -6针 -6针 -6针 -6针 -6针

-8针 -8针

左前　　　　后　　　　右前

28cm

绵羊圈圈针

6号针

44针　　　　88针　　　　44针

2cm

双罗纹　　整片起176针

47

材　　料：
286规格纯毛粗线

用　　量：
500g

工　　具：
6号针

尺寸（cm）：
以实物为准

平均密度：
10cm²=21针×26行

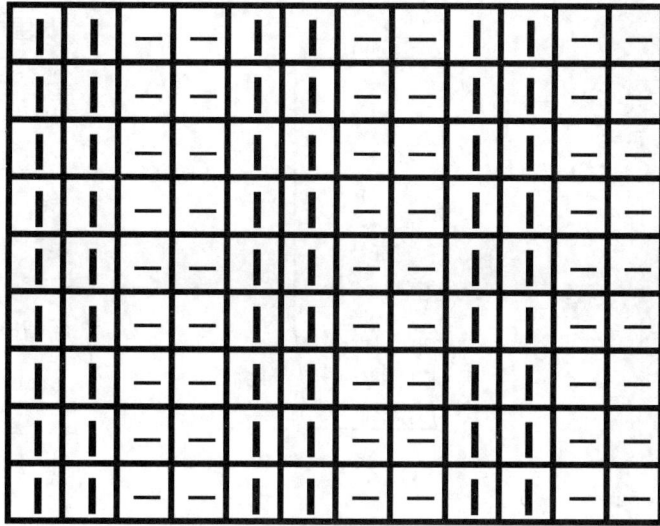

双罗纹

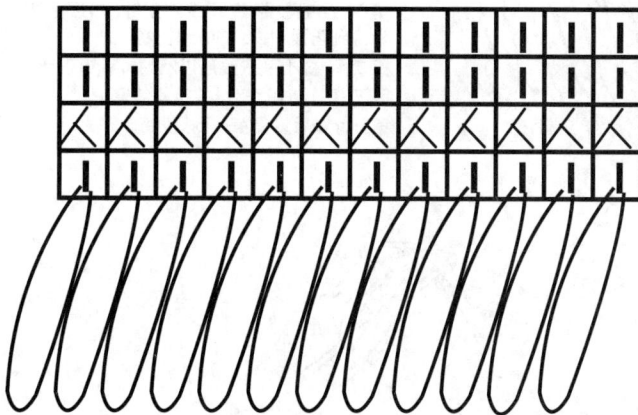

4行
3行
2行
1行

第一行：右食指绕双线织正针，然后把线套绕到正面，按此方法织第2针。
第二行：由于是双线所以2针并1针织正针。
第三、四行：织正针，并拉紧线套。
第五行以后重复第一到第四行。

绵羊圈圈针

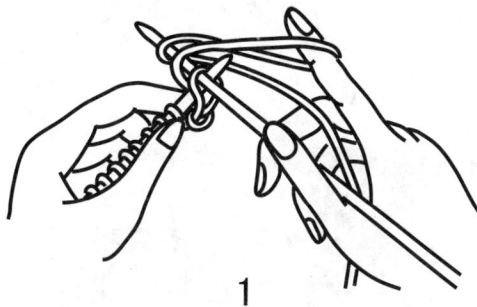

1

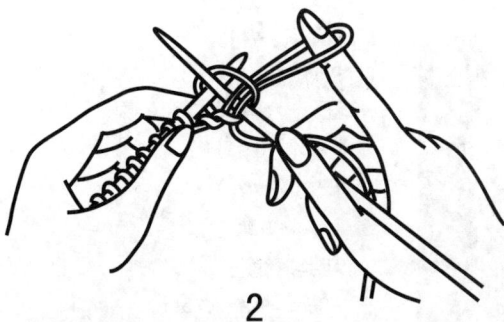

2

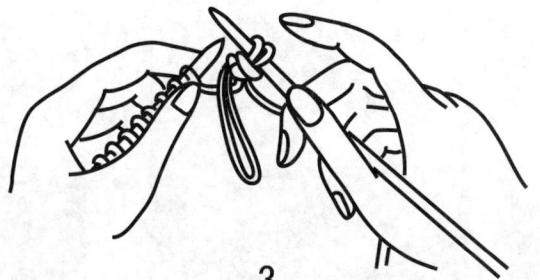

3

绵羊圈圈针

编织简述：

按排花织一条长围巾和一个后背片，按要求缝合后形成背心，最后在袖隆口环形挑针向下织袖子。

编织步骤：

♥ 用6号针起45针按长围巾排花往返织124cm后收针。

♥ 另线起65针，用8号针往返织5cm扭针单罗纹后，换6号针按后背排花往返向上织，总长至30cm时减袖隆，①平收腋一侧3针，②隔1行减1针减3次。余53针向上直织至18cm后收针。

♥ 将后背片余针与长围巾正中的28cm处缝合后，再将两肋按相同字母缝合，左右形成的两个洞口为袖隆口。

♥ 从袖隆口挑出40针，用6号针环形织正针，总长至36cm后换8号针改织13cm扭针单罗纹后收针形成袖口。

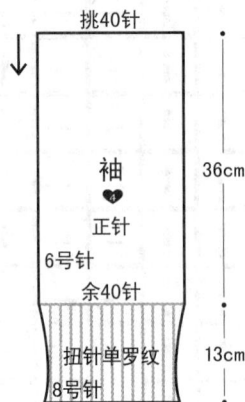

挑40针

↓

袖 ♥
正针
6号针

余40针

36cm

扭针单罗纹
8号针

13cm

长围巾排花：

5	5	15	5	10	5
宽	反	菱	反	绵	锯
锁	针	形	针	羊	齿
链		针		圈	锁
针				圈	链
				针	针

后背排花：

7	15	2	15	2	15	7
反	菱	反	菱	反	菱	反
针	形	针	形	针	形	针
	针		针		针	

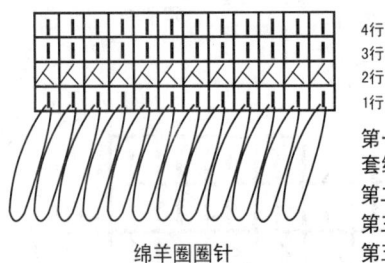

4行
3行
2行
1行

绵羊圈圈针

第一行：右食指绕双线织正针，然后把线套绕到正面，按此方法织第2针。
第二行：由于是双线所以2针并1针织正针。
第三、四行：织正针，并拉紧线套。
第五行以后重复第一到第四行。

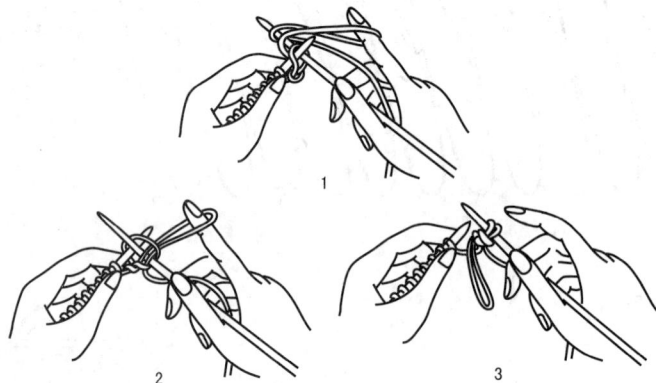

1

2

3

绵羊圈圈针

温馨Tips:

注意绵羊圈圈针长度在3cm左右，不可过长。

48

材　　料：
273规格纯毛粗线

用　　量：
550g

工　　具：
6号针 8号针

尺寸（cm）：
以实物为准

平均密度：
10cm² = 19针×25行

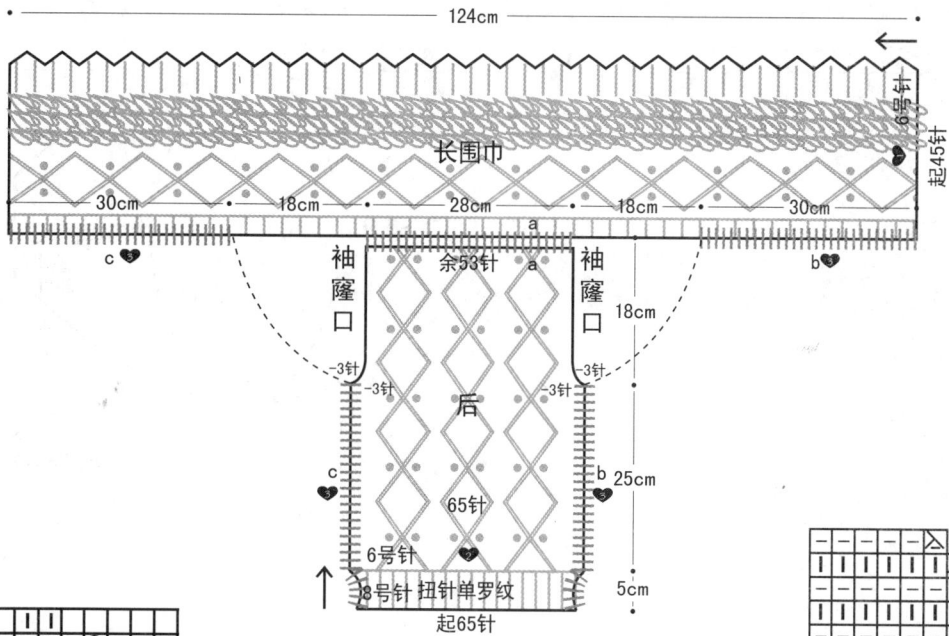

长围巾

124cm

30cm　18cm　28cm　18cm　30cm

6号针

起45针

袖窿口　余53针　袖窿口

后

18cm

-3针　-3针

-3针　-3针

65针

25cm

6号针

8号针 扭针单罗纹

5cm

起65针

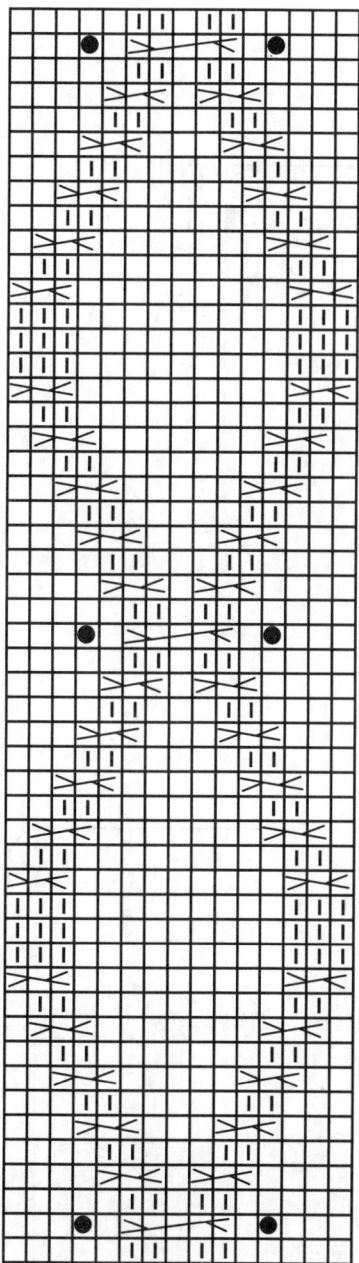

菱形针

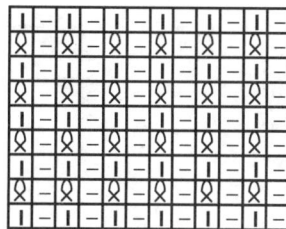

扭针单罗纹

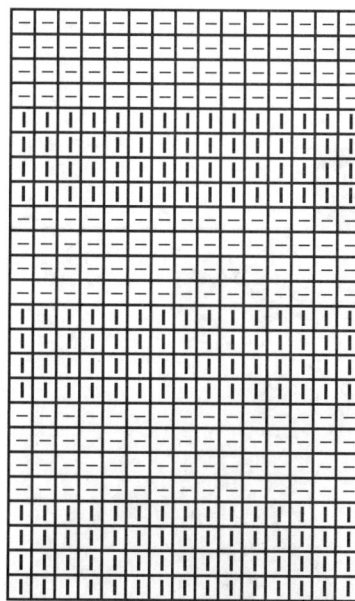

宽锁链针

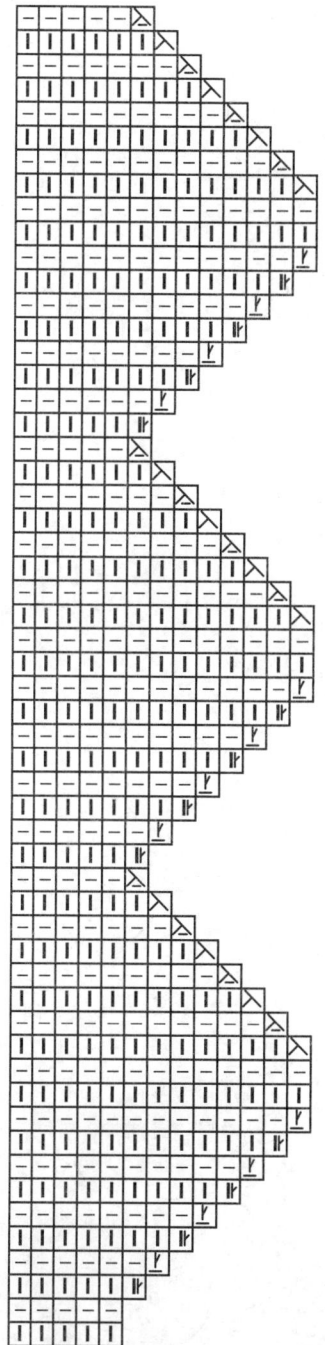

锯齿锁链针

编织简述：

首先织一个长方形，按相同字母缝合后从小开口挑织袖子。

编织步骤：

❤1 用6号针起100针往返织12cm四喜花。

❤2 改织34cm莲花针后再织2cm扭针单罗纹并收机械边。

❤3 按图中相同字母缝合各部分，从开口处挑出38针环形织34cm正针后，改织8cm绵羊圈圈针后收平边形成袖子。

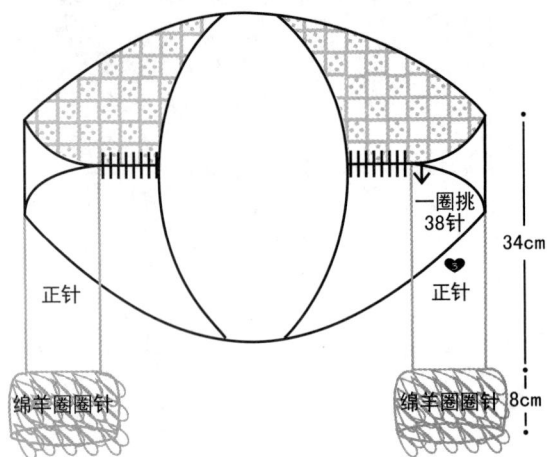

一圈挑38针

34cm

8cm

正针　　　正针

绵羊圈圈针　　　绵羊圈圈针

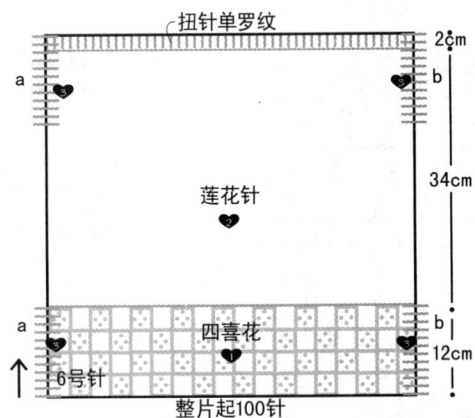

扭针单罗纹　2cm

a　　　　　b

莲花针❤2　34cm

a　　四喜花　b

6号针　12cm

整片起100针

温馨TiPs：

因绵羊圈圈针涨针，袖口完成后需紧收平边。

49

材　料：
278规格纯毛粗线

用　量：
400g

工　具：
6号针

尺寸（cm）：
以实物为准

平均密度：
10cm²=20针×24行

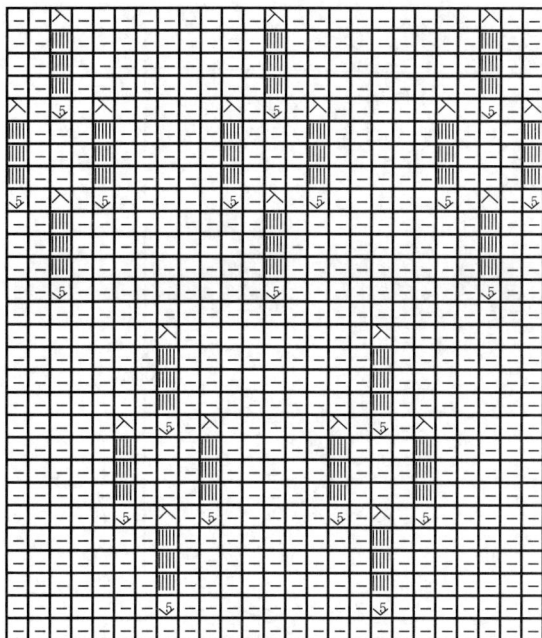

莲花针

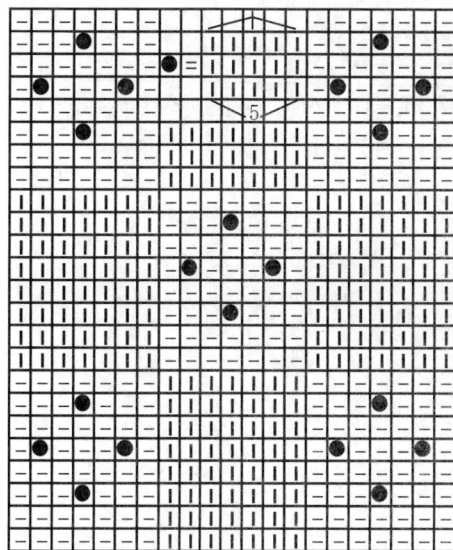

四喜花

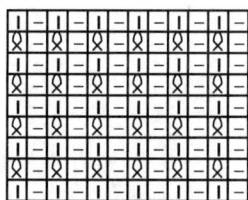

扭针单罗纹

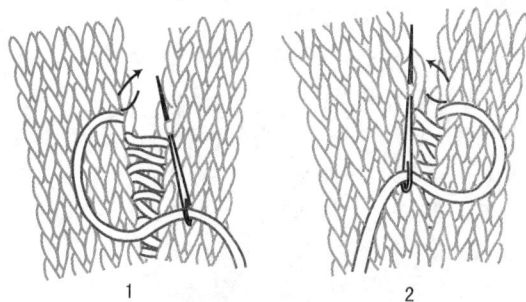

1　　　　　　2

竖缝合方法

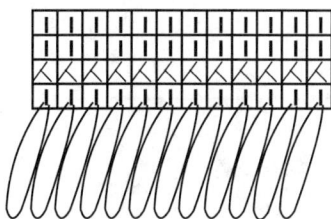

绵羊圈圈针

4行
3行
2行
1行

第一行：右食指绕双线织正针，然后把线套绕到正面，按此方法织第2针。
第二行：由于是双线所以2针并1针织正针。
第三、四行：织正针，并拉紧线套。
第五行以后重复第一到第四行。

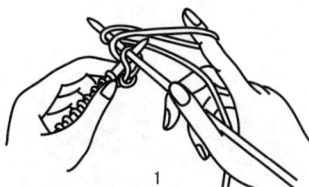 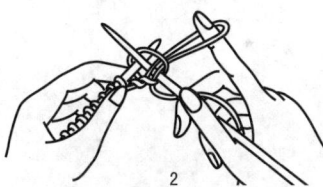 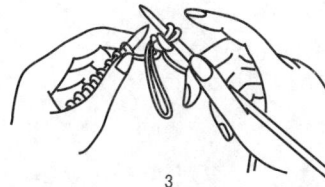

1　　　　　　　　2　　　　　　　　　　3

绵羊圈圈针

编织简述:

从下摆起针环形向上织,在前后正中隔1行3针并1针减针;在两肋隔1行1针变3针加针,相应长后,分前后片织,两肋不加减针,只在前后正中3针并1针减针,余针不收针;袖口起针相应长扭针单罗纹后改织绵羊圈圈针,与正身缝合后,余针不收针,与正身的余针串在一起织领边。

编织步骤:

❤ 用6号针起120针环形织2cm双罗纹后改织8cm绵羊圈圈针,加至142针织5行星星针5行正针,以前后正中1针为减针点,隔1行3针并1针,共减36次;左右肋中间1针为加针点,隔1行分别在这1针的左右加1针,共加36次,使整圈针目保持不变。

❤ 从腋下分片织,两肋不减针。只在前后正中按原规律3针并1针并15次,约13cm高,余针不收针,暂时停针。

❤ 袖口用6号针起40针环形织40cm扭针单罗纹后,统一加至50针环形织6cm绵羊圈圈针后减袖山,①平收腋正中8针,②隔1行减1针减14次,余针串起待织;斜减针处与正身缝合后,将余针与正身暂停的针目串在一起并一次性减至100针,用9号针环形织2cm扭针单罗纹形成领边,收机械边。

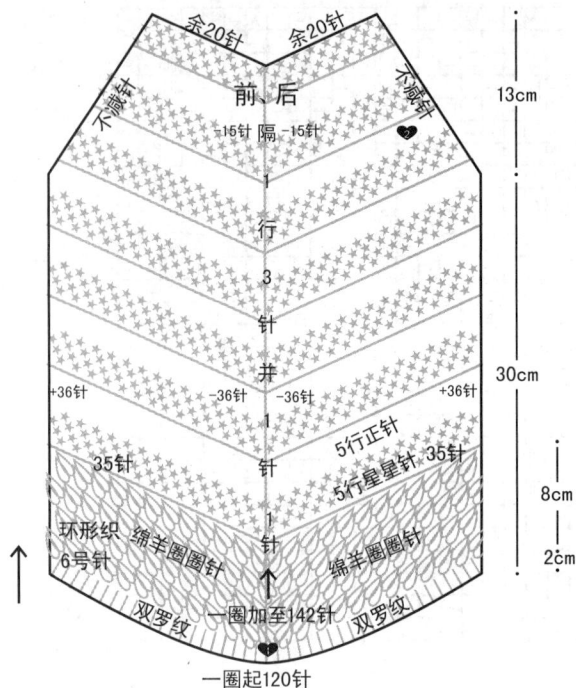

前 后

余20针　余20针

不减针　不减针

-16针 隔 -15针

1
行
3
针
并
1
针

+36针　-36针　-36针　+36针

5行正针
5行星星针
35针　35针

环形织　绵羊圈圈针
6号针　绵羊圈圈针

1
针
并
1
针

双罗纹　一圈加至142针　双罗纹

一圈起120针

13cm

30cm

8cm

2cm

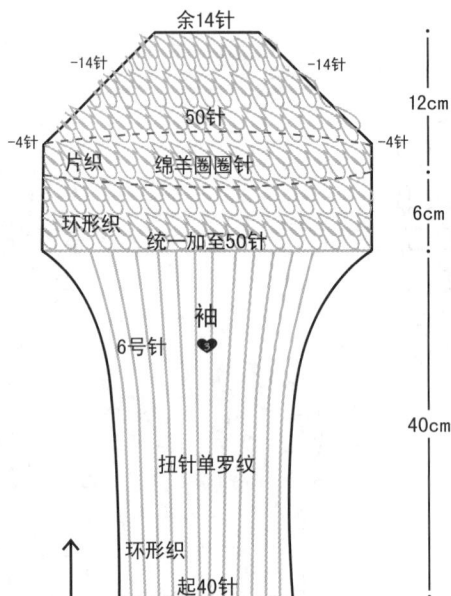

余14针

-14针　-14针

50针

-4针　-4针

片织　绵羊圈圈针

环形织　统一加至50针

袖

6号针

扭针单罗纹

环形织
起40针

12cm

6cm

40cm

9号针

领

扭针单罗纹

减至100针

温馨TiPS:

前后正中规律减针,两肋加针,一圈总针目不变,服装出现自然的丰臀细腰效果。

50

材　料:
286规格纯毛粗线

用　量:
450g

工　具:
6号针　9号针

尺寸(cm):
以实物为准

平均密度:
10cm² = 19针×24行

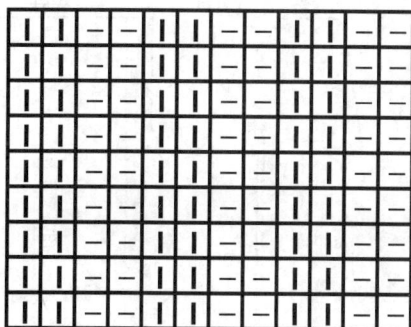

双罗纹

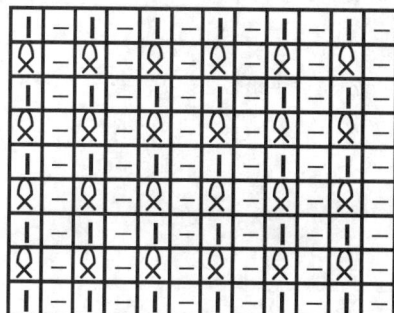

扭针单罗纹

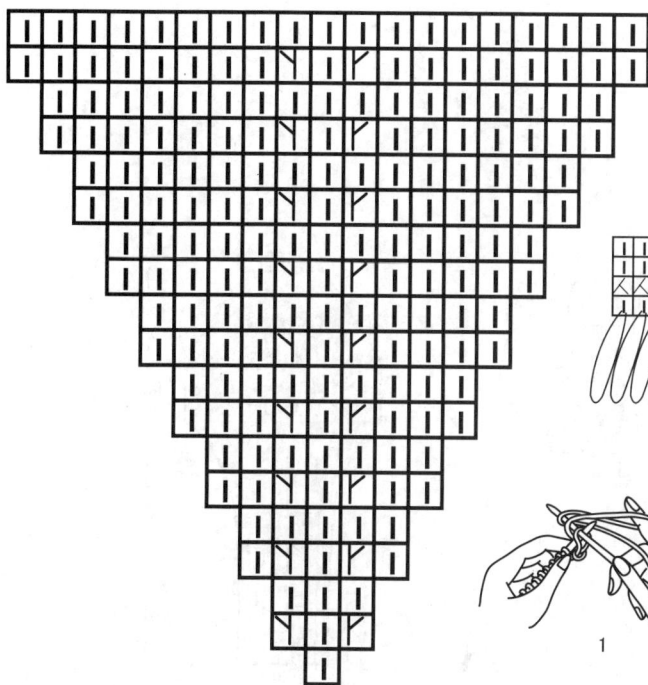

无洞加针法

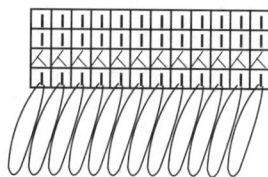

4行
3行
2行
1行

绵羊圈圈针

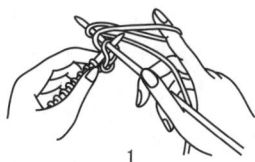

1

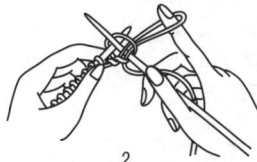

2

绵羊圈圈针

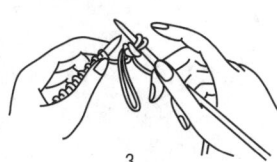

3

第一行：右食指绕双线织正针，然后把线套绕到正面，按此方法织第2针。
第二行：由于是双线所以2针并1针织正针。
第三、四行：织正针，并拉紧线套。
第五行以后重复第一到第四行。

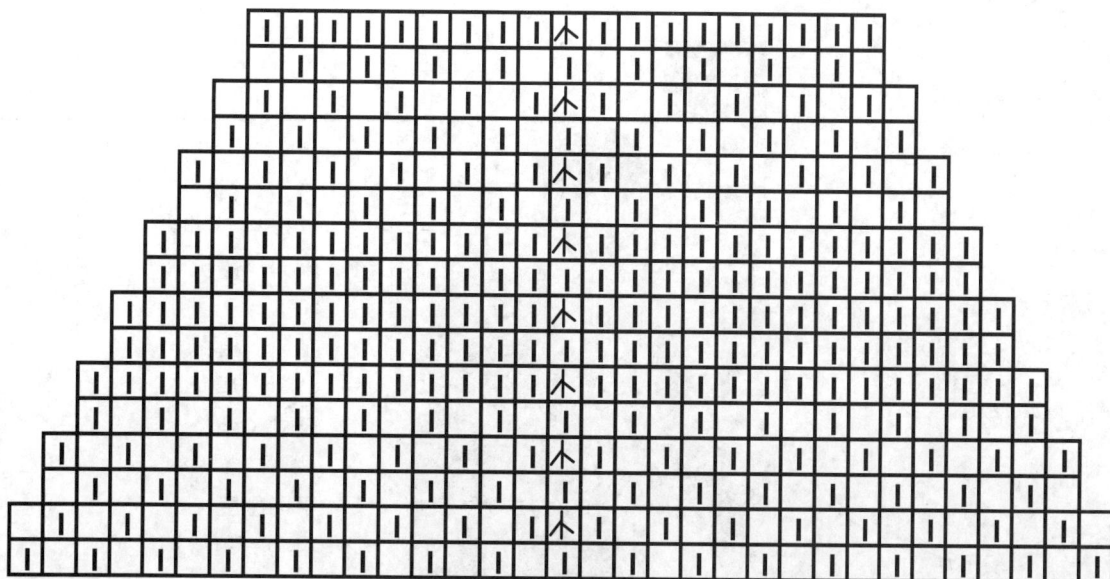

正中减针法

编织简述：

从下摆起针后环形向上织，减领口和减袖窿同时进行，肩头缝合后挑织领子；袖口起针后环形向上织，统一加针形成泡泡袖效果，至腋下后减袖山，余针平收，与正身整齐缝合。

编织步骤：

❤ 用6号针起140针环形织30cm阿尔巴尼亚罗纹针后减袖窿，①平收腋正中8针，②隔1行减1针减4次。

❤ 减领口与减袖窿同时进行，①平收领正中6针，②隔5行减1针减6次。用8号针从领口挑120针往返织4cm阿尔巴尼亚罗纹针后收平边。领口平收6针处不挑针，完成领片后，将侧边与平收针处缝合。

❤ 袖口用6号针起35针环形织32cm阿尔巴尼亚罗纹针后，统一加至48针改织绵羊圈圈针，总长至40cm时减袖山，①平收腋正中8针，②隔1行减1针减12次，余针平收，与正身整齐缝合。

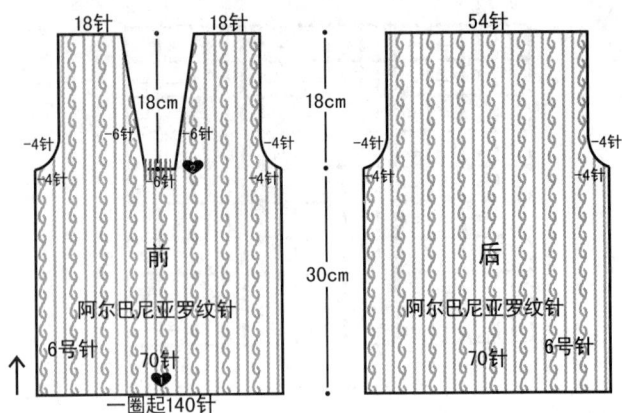

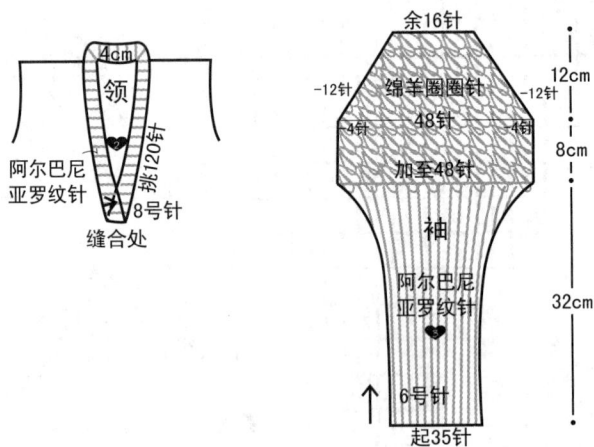

温馨Tips：
阿尔巴尼亚罗纹针每5针一组，起针或挑针时注意，尾数应为0或5。

51

材　　料：
278规格纯毛粗线

用　　量：
500g

工　　具：
6号针　8号针

尺寸（cm）：
以实物为准

平均密度：
10cm²=20针×24行

阿尔巴尼亚罗纹针

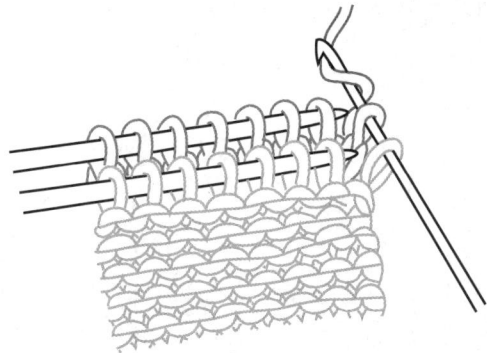

肩头缝合

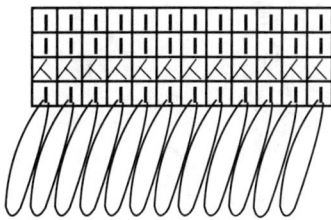

4行
3行
2行
1行

绵羊圈圈针

第一行：右食指绕双线织正针，然后把线套绕到正面，按此方法织第2针。
第二行：由于是双线所以2针并1针织正针。
第三、四行：织正针，并拉紧线套。
第五行以后重复第一到第四行。

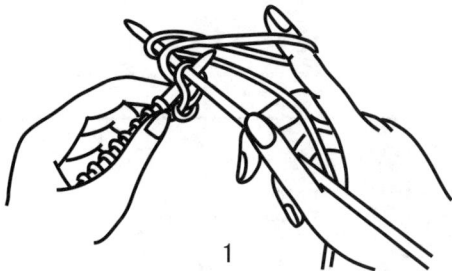

1

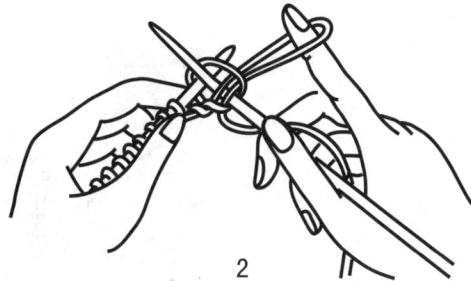

2

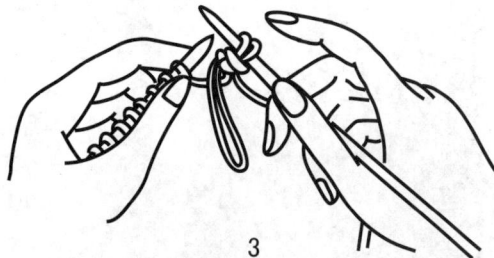

3

绵羊圈圈针

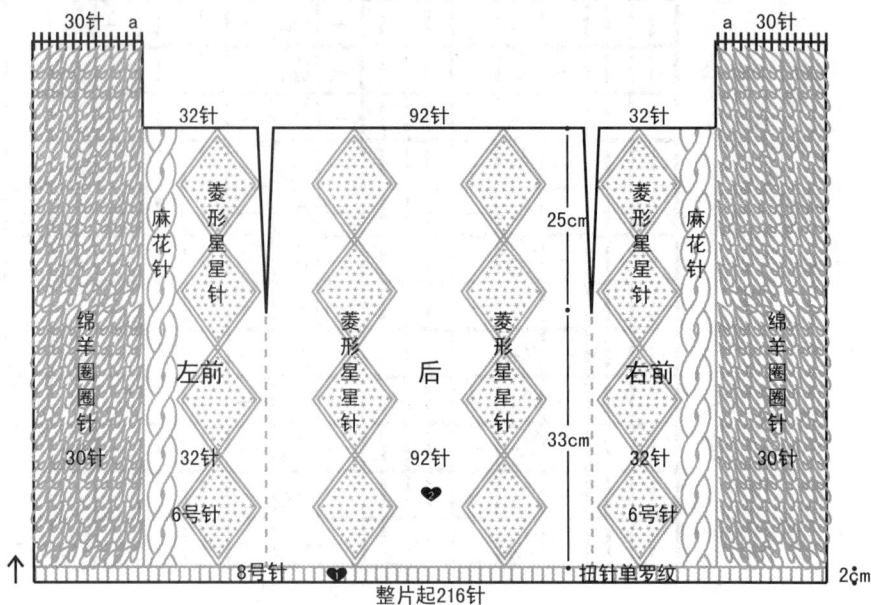

编织简述：

从下摆起针后整片按花纹向上织，至腋下时分前后片向上织，袖隆不减针，前后肩头缝合后，从袖隆口挑针环形向下织短袖。

编织步骤：

❤ 用8号针起216针，往返向上织2cm扭针单罗纹。

❤ 换6号针按整体排花往返向上织33cm后分针织前后片，袖隆不减针，向上织25cm后缝合前后肩头；30针绵羊圈圈针门襟不缝，依然向上织至后脖正中时，按相同字母对头缝合形成领子。

❤ 用6号针从袖隆口挑出70针环形织10cm绵羊圈圈针后，改织4cm扭针双罗纹并收机械边形成袖子。

温馨TiPs：
注意绵羊圈圈的长度控制在4cm以内。

整体排花：

30 绵羊圈圈针	10 麻花针	1 反针	12 菱形星星针	1 反针	16 正针	1 反针	12 菱形星星针	1 反针	48 正针	1 反针	12 菱形星星针	1 反针	16 正针	1 反针	12 菱形星星针	1 反针	10 麻花针	30 绵羊圈圈针

52

材　料：
278规格纯毛粗线

用　量：
550g

工　具：
6号针　8号针

尺寸（cm）：
以实物为准

平均密度：
10cm² = 21针 × 25行

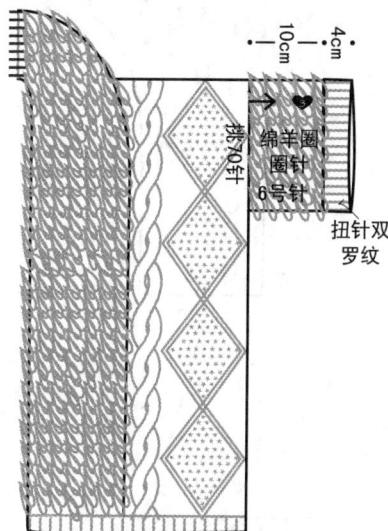

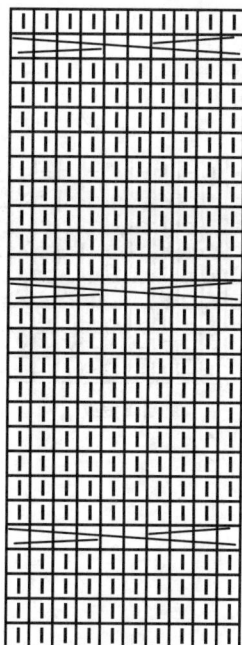

麻花针

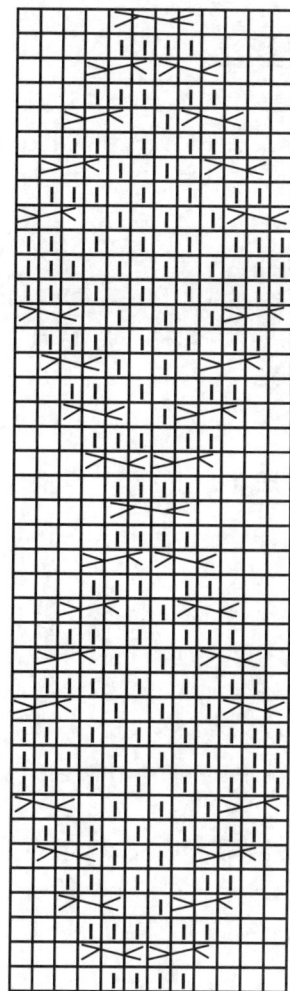

菱形星星针

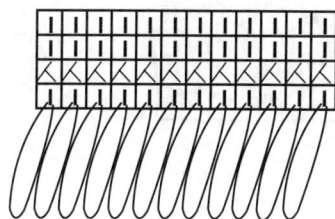

4行
3行
2行
1行

绵羊圈圈针

第一行：右食指绕双线织正针，然后把线套绕到正面，按此方法织第2针。
第二行：由于是双线所以2针并1针织正针。
第三、四行：织正针，并拉紧线套。
第五行以后重复第一到第四行。

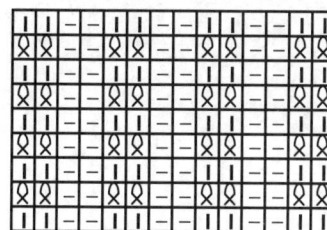

扭针双罗纹

1   2

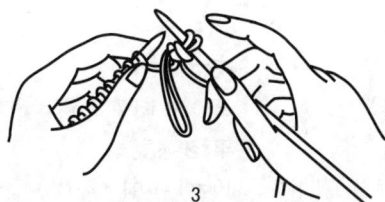

3

绵羊圈圈针

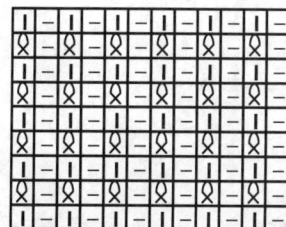

扭针单罗纹

编织简述：

从下摆起针后环形向上织，至领底时将左右领边改织扭针单罗纹，同时在其内侧减领口，减袖窿和减领口同时进行，前后肩头缝合后，领边的扭针单罗纹不缝合，依然向上直织，至后脖正中时对头缝合形成领子；袖口起针后按花纹环形向上织，至腋下后减袖山并平收余针，最后与正身整齐缝合。

编织步骤：

💛 用9号针起120针环形织12cm扭针单罗纹。

💛 换6号针改织绵羊圈圈针，总长至32cm时减袖窿，①平收腋正中10针，②隔1行减1针减5次。

💛 距后脖18cm时，取前片正中分左右片织，同时将领一侧的7针改织扭针单罗纹，并在这7针扭针单罗纹的内侧隔3行减1针，共减8次，整个领口共减去16针。前后肩头缝合后，7针扭针单罗纹不缝，依然向上直织，至后脖正中时对头缝合形成领边。

💛 袖口用9号针起48针环形织38cm扭针单罗纹后，换6号针改织绵羊圈圈针，总长至46cm时减袖山，①平收腋正中10针，②隔1行减1针减13次，余针平收，与正身整齐缝合。

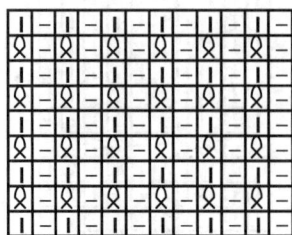

扭针单罗纹

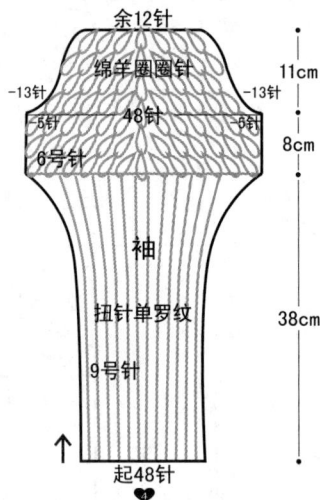
余12针
绵羊圈圈针
-13针　　-13针
-5针　48针　-5针
6号针
袖
扭针单罗纹
9号针
11cm
8cm
38cm
起48针

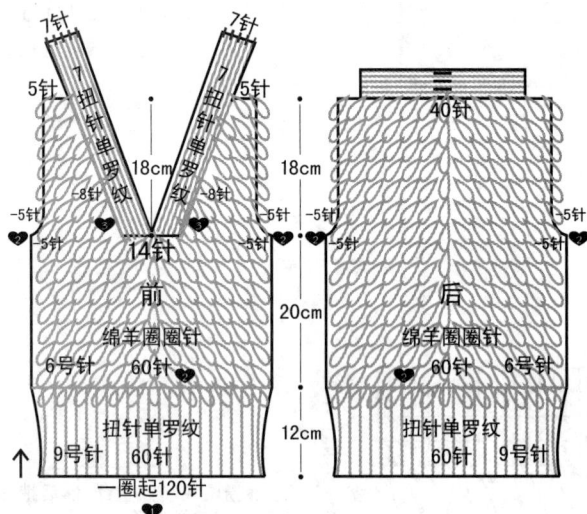
前片/后片示意图
7针　　7针
5针　扭针单罗纹　5针
18cm
-8针　　-8针
14针
前
绵羊圈圈针
6号针　60针
-5针　　-5针
-5针　　-5针
18cm
20cm
12cm
40针
后
绵羊圈圈针
60针　6号针
-5针　　-5针
扭针单罗纹
9号针　60针
扭针单罗纹
60针　9号针
一圈起120针

53

温馨TiPS：
绵羊圈圈针之间隔2针正针，同时圈圈的长度为3cm。

材　料：
273规格纯毛粗线

用　量：
550g

工　具：
6号针 9号针

尺寸（cm）：
长50 袖长57 胸围63 肩宽21

平均密度：
10cm² = 19针 × 24行

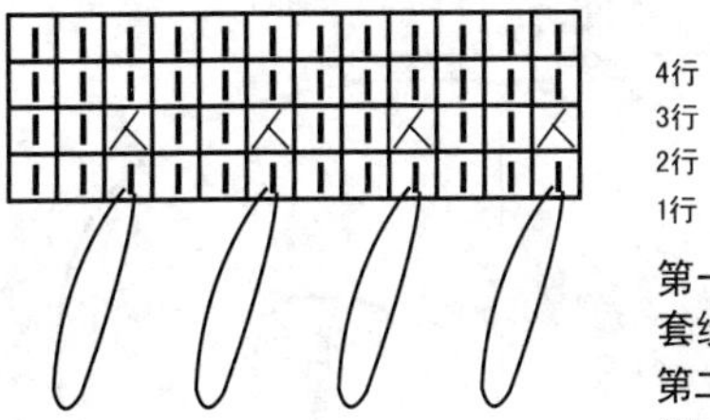

绵羊圈圈针

第一行：右食指绕双线织正针，然后把线套绕到正面，按此方法织第2针。
第二行：由于是双线所以2针并1针织正针。
第三、四行：织正针，并拉紧线套。
第五行以后重复第一到第四行。

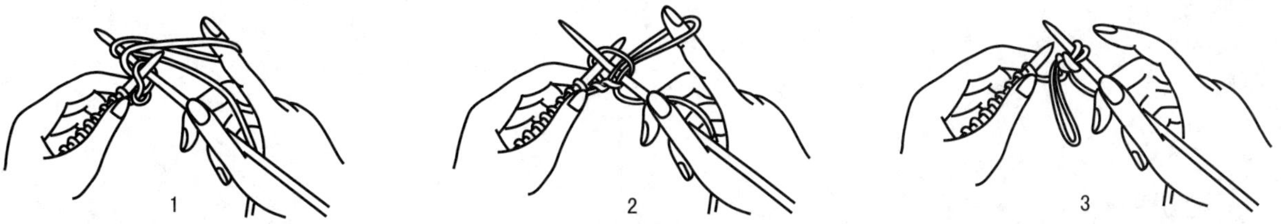

4行
3行
2行
1行

1

2

3

绵羊圈圈针

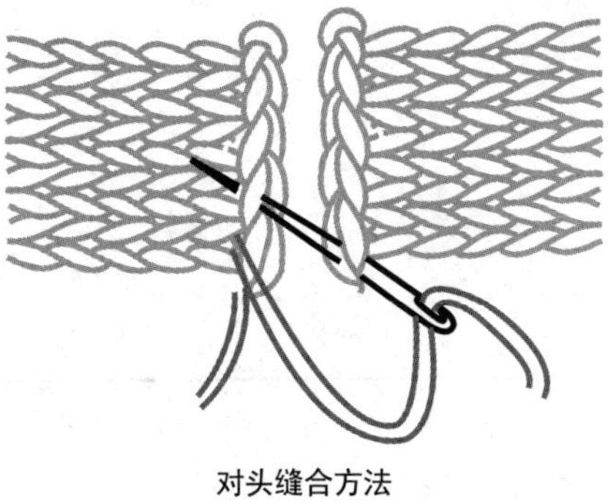

对头缝合方法

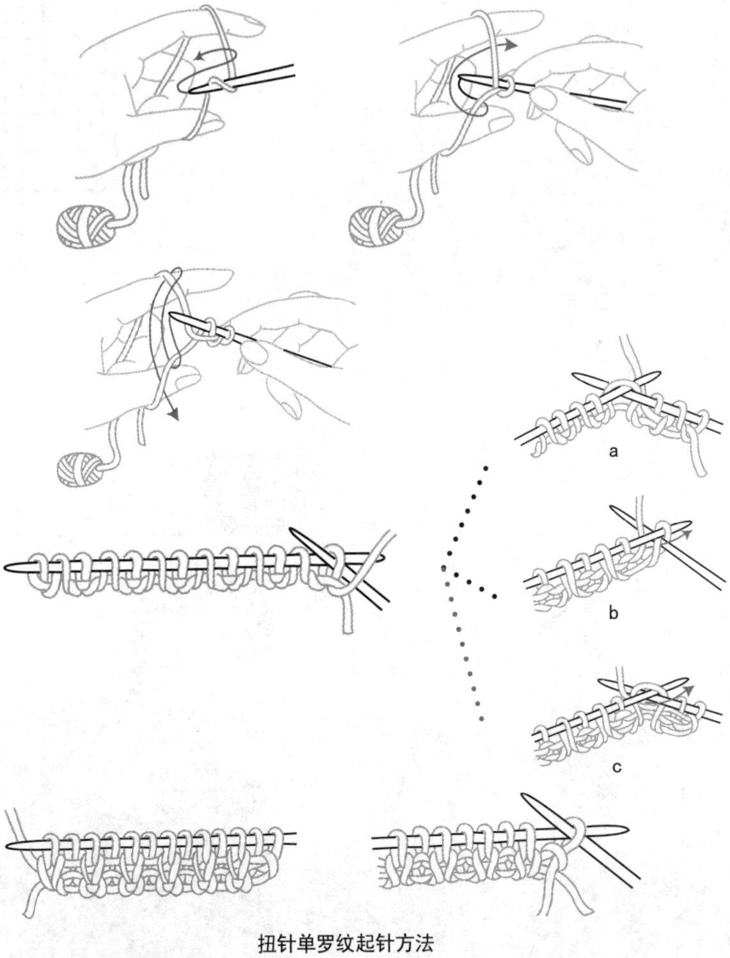

a

b

c

扭针单罗纹起针方法

起针后环形织圆筒，相应长后紧收边；完成两个相同大小的圆筒后，在起针处缝合两个圆筒形成背心，另线起针织袖子，与圆袖窿口缝合；最后在后脖处挑织立领。

编织步骤：

❤ 用6号针起150针环形织1cm扭针单罗纹后，改织绵羊圈圈针。

❤ 至20cm时3针并1针紧收平边，织两个同样大小的圆筒。

❤ 将两个圆筒在起针处对头缝合，约35cm长，形成背心。

❤ 用6号针从袖口起32针环形织正针，并在袖腋处隔13行加1次针，每次加2针，共加4次，总长至44cm后减袖山，①平收腋正中4针，②隔1行减1针减12次，余针平收，与正身袖窿口整齐缝合。

❤ 从后脖30cm位置挑出99针，用9号细针往返织9cm扭针单罗纹后收机械边形成立领。

温馨TiPS：
　　绵羊圈圈针的长度可自由调节。

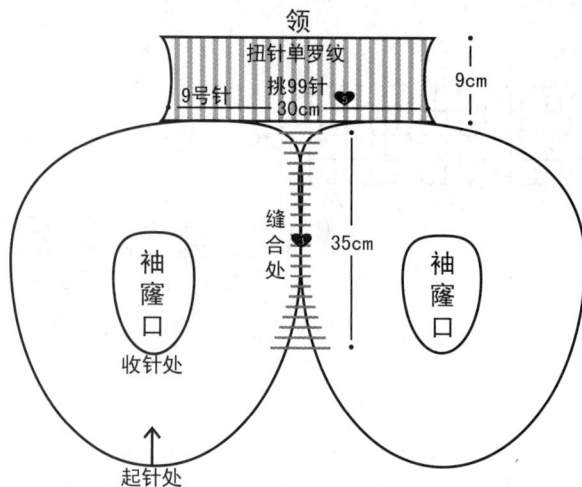

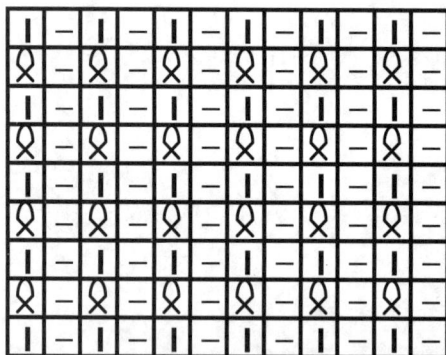

扭针单罗纹

54

材　　料：
286规格纯毛粗线

用　　量：
500g

工　　具：
6号针　9号针

尺寸（cm）：
以实物为准

平均密度：
10cm²=20针×24行

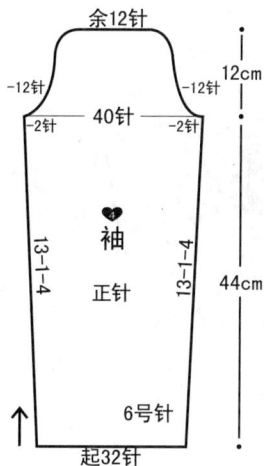

余12针

12cm

-12针 -12针

-2针 40针 -2针

♥袖

正针

13-1-4 13-1-4

44cm

6号针

起32针

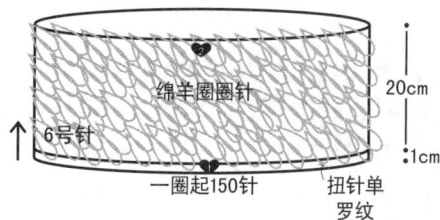

绵羊圈圈针

20cm

6号针

1cm

一圈起150针 扭针单
罗纹

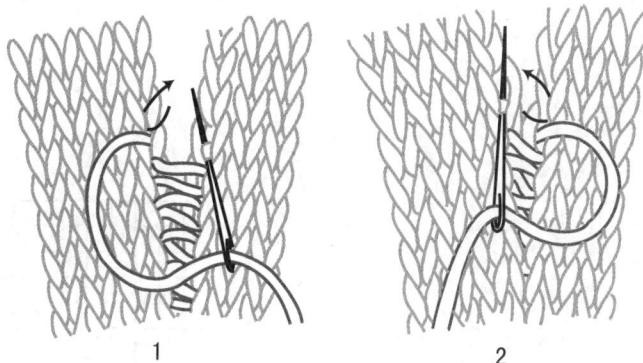

1　　　　　　　　2

竖缝合方法

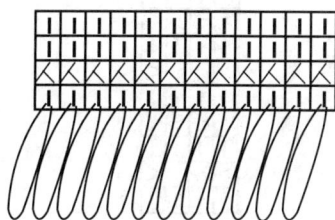

4行
3行
2行
1行

绵羊圈圈针

第一行: 右食指绕双线织正针, 然后把线
套绕到正面, 按此方法织第2针。
第二行: 由于是双线所以2针并1针织正针。
第三、四行: 织正针, 并拉紧线套。
第五行以后重复第一到第四行。

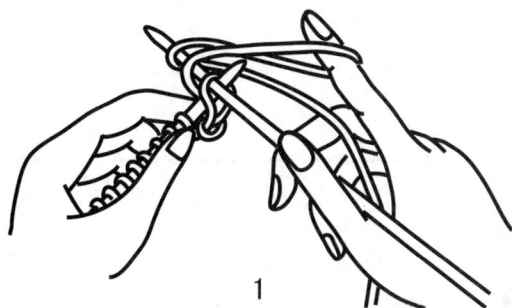

1

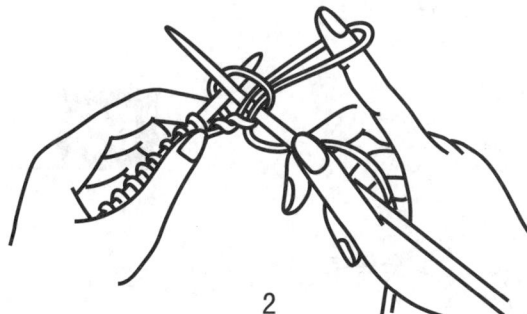

2

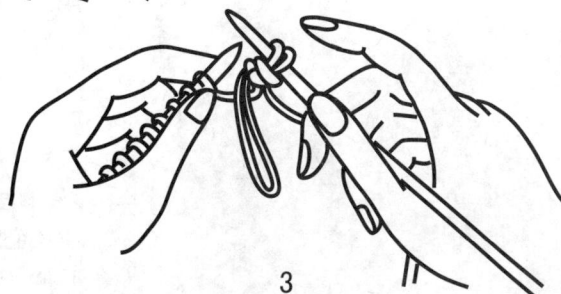

3

绵羊圈圈针

编织简述：

按排花往返织一条围巾，由于花纹松紧不同，围巾自然形成领紧下摆松的披肩效果，最后从两端分别挑针往返织带子。

编织步骤：

❤ 用6号针起58针按围巾排花往返向上织96cm后收针形成围巾。

❤ 用6号针从辫子麻花针两端各挑出5针，往返织40cm锁链球球针后收平边形成带子。

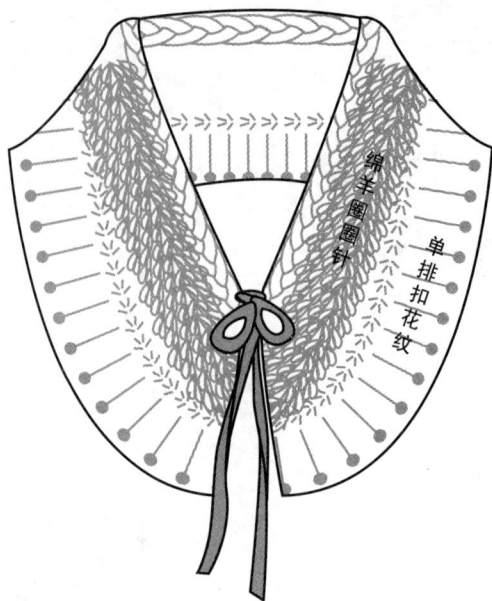

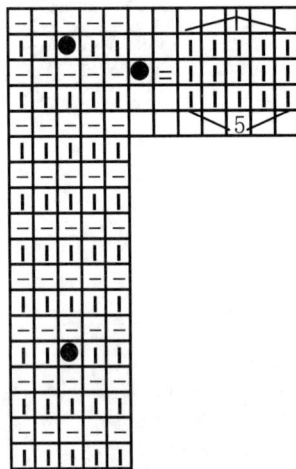

锁链球球针

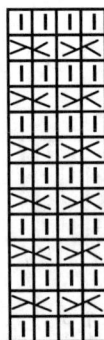

松针

温馨Tips：

花纹从右至左弹性不一，最紧的辫子麻花为领部，边沿的单排扣花纹较松。

55

材　　料：
278规格纯毛粗线

用　　量：
300g

工　　具：
6号针

尺寸（cm）：
以实物为准

平均密度：
10cm²=19针×25行

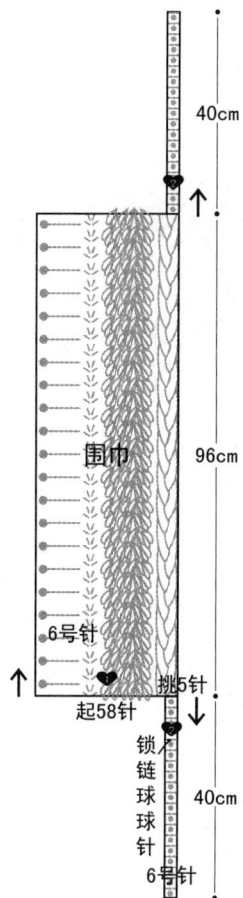

40cm

围巾

96cm

6号针

起58针

挑5针

锁链球球针

40cm

6号针

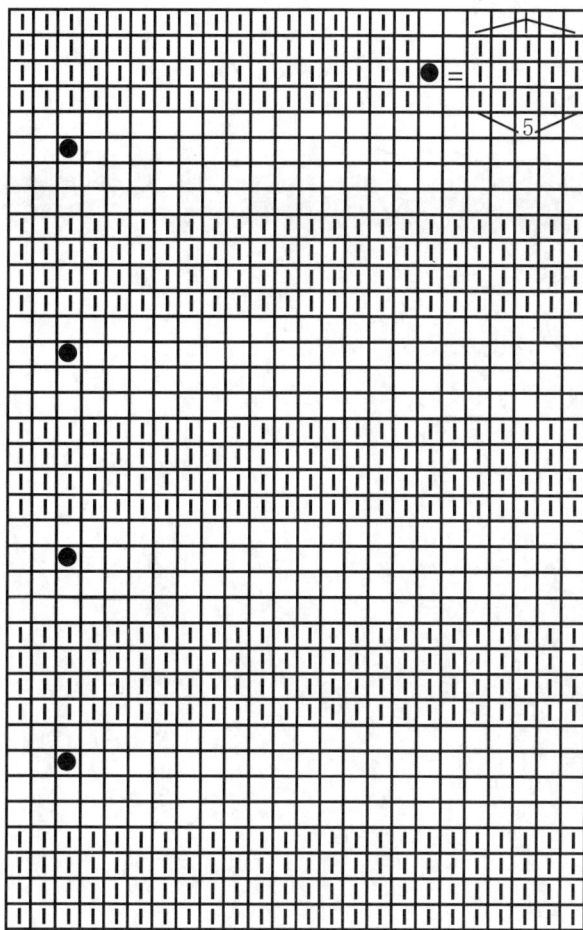

单排扣花纹

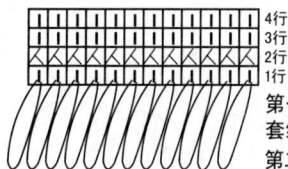

4行
3行
2行
1行

绵羊圈圈针

第一行：右食指绕双线织正针，然后把线套绕到正面，按此方法织第2针。
第二行：由于是双线所以2针并1针织正针。
第三、四行：织正针，并拉紧线套。
第五行以后重复第一到第四行。

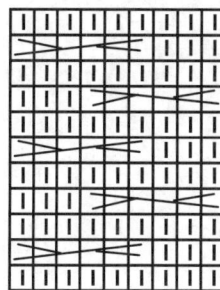

辫子麻花针

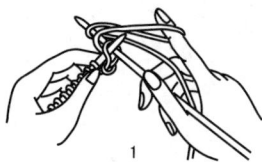

1

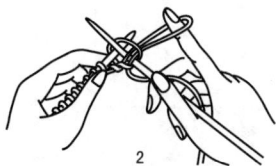

2

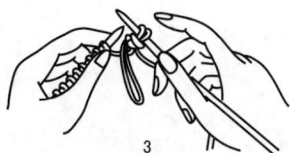

3

绵羊圈圈针

围巾排花：

24	1	4	1	18	1	9
单排扣花纹	反针	松针	反针	绵羊圈圈针	反针	辫子麻花针